建筑师的作品集

——规划、设计与制作

[瑞士] 安德烈亚斯·吕舍尔 著

林 超 陶一兰 赵文宁 译

建筑师的作品集

——规划、设计与制作

[瑞士] 安德烈亚斯·吕舍尔 著
林 超 陶一兰 赵文宁 译

中国建筑工业出版社

著作权合同登记图字：01-2011-5498号

图书在版编目（CIP）数据

建筑师的作品集——规划、设计与制作/（瑞士）吕舍尔著；林超等译. —北京：中国建筑工业出版社，2015.12
ISBN 978-7-112-18694-5

Ⅰ. ①建…　Ⅱ. ①吕…②林…　Ⅲ. ①建筑学　Ⅳ. ①TU

中国版本图书馆CIP数据核字（2015）第271055号

The architect's portfolio:planning,design,production/Andreas Luescher, ISBN 13 978-0415779012

责任编辑：董苏华　唐　旭　吴　佳
责任校对：李美娜　姜小莲

建筑师的作品集——规划、设计与制作
[瑞士] 安德烈亚斯·吕舍尔　著
林　超　陶一兰　赵文宁　译
*
中国建筑工业出版社出版、发行（北京西郊百万庄）
各地新华书店、建筑书店经销
北京嘉泰利德公司制版
北京方嘉彩色印刷有限责任公司印刷
*
开本：787×1092毫米　1/16　印张：$12^1/_2$　字数：300千字
2016年4月第一版　2016年4月第一次印刷
定价：89.00元
ISBN 978-7-112-18694-5
（27238）

目 录

前　言

作品集是特定材料和观点的容器，用于保证它们从一个地点、一个时间点安全地被转移到另一个地点、另一个时间点。这样，我们就能在建筑师的专业圈里和潜在客户群中交流和分享我们最好的设计作品。不管是什么种类的、多么复杂的作品集，它们都只是发展方案动态过程中的一个节点。然而建筑师的作品集却是特殊的，因为从各种方面来说，作品集就是建筑本身。(因此)它是动态的构建和活动，对光的影响非常敏感。这样的想法就为表达的可能性拓展出新的领域。这本书的目标是建立作品集制作的理论和实践范式；它不仅能用于某个特定的申请，也能用于帮助建筑师发展和发掘自我。贯穿这本书的一些主题和思路有：作品集是思想；设计的目的是对话；架构情节和挖掘更深的意义；培养意象，而不只图面效果；追求品性，而不是风格；作为一种反省，如同别样的自画像；设计以让他人接受你；以及比例(比例就是一切)。

本书的分析涵盖学校申请作品集到工作面试作品集，然而你要记住必须针对各种情况做出特定的自我展示，其可能会导致一个作品有不同演绎表现，在简短地回顾了作品集发展的背景历史后，本书梳理了策划、设计、制作和展示建筑作品集的各个步骤。

来龙与去脉

第一章简短而主观地展现了一条建筑作品集发展的时间线。这条时间线从 1507 年的“旅行皮箱”(portmanteau)开始，自 1722 年 J·理查森(J. Richardson)第一次自称的“Porto Folio”得以发展，以及马塞尔·杜尚(Marcel Duchamp)皮箱里的盒子，还有阿尔贝特·克奈尔(Albert Kner)和查尔斯·伊姆斯(Charles Eames)的怪异的作品集。这里的目的是模糊“起源”的概念，把它放到一个跨越世纪的、连续的发展过程中。读者们因此可以找到无尽的灵感、模式和桥梁，而对作品集制作有不同的认识与思考。我们期望这样能帮助他们超越衍生品而直达源头，然后创造出属于他们自己的更自信的设计方案。另外，已有资源的重要性与价值也是重点。

规划与选择

第二章描述了策划的思路：动机，抓住要素，观察，了解和注意点。这里设立了一系列规则和指南，但同时也澄清这些只是一个起点、一个基础，而非一套限制系统。

设计与制作

第三章提出了具体制作作品集的想法和技术。局部组成整体，宏观先于细微。建筑的多感官属性被特别关注，因为它可以被转译为作品集的表达媒介，包括材料语言、物质性和具象信息以外的印象。

寄送、展示与推广

第四章开始着手准备汇报展示，这是联结内外结构的纽带。从长期目标和短期目标两方面，第四章讨论了如何最大限度地向特定受众或者广泛受众展示作品的实用技巧。自我评价的标准在于学习以及发现这样一个道理：一份作品集的完成是另一份作品集的开始。

案例研究

笔者邀请了公司和个人用图像和文字来描述他们自己制作作品集的过程。这个任务的自我反省特性带来了一笔财富，即实用的样板、理论偏好和高度个性化的见解。案例研究中的回顾总结使我们能看到每个人如何组织、指导和反思作品集制作策略，包括概念生成的技巧，创意趋向的问题，以及对媒体要素的评价。读者们会找到关于创造、哲学、规范、媒体，以及意图等广泛的内容，统统来自这些供稿人的构想。而诸位供稿人无疑是坦率而慷慨的。

第一章
来龙与去脉

ENGLAND
DERWENT • WATERCOLOUR
Deep Vermilion 14
Orange Chrome 10

来龙与去脉

作品集是一个容器，是一个流动的载体，它具体的内容是流动变化的，反映了作者在那个时刻根据读者的接收需求而产生的表现意图。所有的作品集——横跨多种文化背景，人口组成，以及其他文脉因素——都试图传达个人性格和作品本质，而非仅仅是他或她生活中的真相。从作品的选取到原始的素材积累，作品集在这些制作中与自传有着相同的使人尊重的传统，也就是自我诠释和自我展示。而后者，是一种在17世纪兴起的独特的文学形式，诞生于一个被城市化、交通机动、文化普及、通信技术和个体的文艺复兴观念日益改变的世界中。

从一个广阔的历史背景来看，自我表达和市场推销无疑是自18世纪以来建筑师制作作品集的双重动机。了解一些作品集制作的历史知识——它的历史是丰富的，会给你展现一个充满启迪的世界——能帮助建筑学学子和年轻的教师们找到建筑学内外的创造性观念和无限的资源，包括魅力、信息、模型和通往历史思想的桥梁。这些发现帮助制作作品集的人学会多种表现形式，适应不同的环境。这样做的成果就是一部丰富的作品集，它能展现他或她自己富有创意的原创性，并能打动潜在的雇主和客户。更重要的是，在这过程中所学的知识将会帮助作者穿过各种仿制品找到源头，并最终得到更有自信的设计结果。当下的全球文化越来越以视觉为准；作为一个视觉信息的合集，作品集恰是一种完全与当下文化潮流相匹配的表现形式。它是传播思想、价值，乃至标准（norms）的基地。它也是一种自我发现的方式，因为它在设计工作的过程中发展了智力和想象力。作品集是批判性描述或表达的（潜在）场所。为了更好地理解现在作品集的规划、设计和制作过程，我们可以看看过去著名的案例，思考在它们形成过程中起影响作用的要素。通过考察作品集性质和用途演变过程中的节点，我们可以找到它跟其他各种领域的联系——包括包装设计、展览设计、广告、产品开发，以及内容与容器之间的重要联系。接下来就是一系列精选的案例，来具体展示作品集演变的过程，强调其作为一个可携带的结构体的本质，其他活动也正是围绕这一本质展开。

1.1 作为自传的作品集

自传是旁观者进入立传者的世界的引导。作为一个自我认识和自我表现的成果，作品集与自传这种文学体裁有可比性，后者是一种在 17 世纪兴起的独特的文学形式，与之同时繁荣的还有经验科学和归纳法。这种新的表现形式传播了一种自我检视的意识形态，它从生活的现象中以原型的姿态激进地分离出来，并传播开来，如圣奥古斯丁（St Augustine）的《上帝之城》（City of God）（作于公元 426 年）所写的那样。如同自传那样，作品集的功能是作为智力探索和自我评价的基床，将一个人数量不断增加的成果的价值整合到对学会思考的大背景中。

“旅行皮箱”（Portmanteau）这个概念比真正作品集的出现早 200 年，在这里“真正”的意思是作者开始自己使用“作品集”这个词作指代。最早的记载是在 1507 年，见于法国的一种随侍官员“携带达官要人的斗篷”。“斗篷”是在描述一件披风，还是在描述一种仪态呢——那种一个人维持自我，表现自我的方式？在 16 世纪的法国，“旅行皮箱”是指某人—— 一位服务于国王的官员，携带（法语“porter”，携带、传播、传递某物）着的皇家斗篷（“manteau”，用来装衣服的大型旅行皮箱）。斗篷价值不菲，因此被装在用软皮革做的箱子里。最后，在英国，“portmanteau”这个词变成了箱子本身*，并被用来表示装载各种物件的旅行袋。

作品集的文化价值恰好适应了城市化日益便捷的交通和不断加快的交流所引起的社会组织变化。作为视觉信息的集合，作品集这种表现形式完美契合了早期现代化世界中信息不断图像化的潮流。第一本自己指代自己为“作品集”的作品集是乔纳森·理查德逊的《意大利雕塑、浮雕、绘画和影像的部分清单》（1722 年），这是一本纪念性风景（veduta）的合集，本意是向不断扩大的新世界提供一些介绍。它的功能接近于作品集，但是一般被年轻一代的英国人用作欧洲旅行的导游。

帕拉第奥（Palladio）1570 年的著作《建筑四书》（Quattro Libri dell' Architecttura）——像学术论文一样内容详尽——虽然有争议，但可能是第一本建筑图集。这种类型的书从 16 世纪开始在欧洲出现，17 到 19 世纪在欧洲和美洲大量传播。《建筑四书》能归类在两个门类：专著类，陈列建筑师个人的设计作品；工具类，想跟随潮流的建造者和工匠们用它来做概念设计和细节设计的参考。

---

* “portmanteau”在法语中应该是“port+manteau”；即英文“carry+cloak”，也就是“可携带的 + 斗篷”。——译者注

英国作家和景观设计师汉弗莱·雷普顿（Humphry Repton，1752—1818年）的红皮书就是横跨专著和手册的另一个极好的例子。雷普顿给客户们看的关于他们地产的改造介绍都用摩洛哥红皮革优雅地装订起来，因此被称为“红皮书”。雷普顿创造了“活页”这个概念，用来指代在红皮书中一种表现效果卓越的图解技巧。活页十分巧妙地利用叠图或者夹页来展示“改造前”到“改造后”的迷人转变。

像作品集这样的建筑图集，有一种超越学科界限和既成等级的实用性。它作为自传著书和市场推销手段的双重属性在文学的许多不同形式中都能找到。

1.2　作为移动博物馆的作品集

半是记录，半是访谈，作品集就像是一种尺度，为职业和学术语境中的自我评估提供了机会。在当下商业文化中，自我表达和自我宣传的意图和结果能揭示什么？作品集的起源和它的变体（作为名词和动词）正是为了（简明地）审视这个问题。世界因人口的流动、交通和传媒的发达发生了巨变，而作品集恰好迎合了现代文化对于这样的世界潮流的回应。

今天的作品集是设计师和建筑师高度个性化的陈列台。在这种语境下，有必要说一说马塞尔·杜尚（1887—1968年）的制作方法。这种方法将他的遗产流传了下来，并使它成为现代世界最有影响力的艺术家之一。杜尚的“移动博物馆”，即他的“箱中盒”（1942—1954年）是一部非常精巧而复杂的作品集，也是杜尚的艺术生涯的履历，是在面临物质遗产不断消亡的情况下呕心沥血制作而成的作品。他没有在一本书中线性呈现作品的内容，而是在盒子里建起了一个由水平线和竖直线构成的系统，模仿了一个精美的微缩房间。相对于一些好似将不相关的作品美化一下就放进一个文件夹里这样再创作式的编排，或者仅仅是堆积一下信息，马塞尔·杜尚的作品集更注重表现。这个盒子，就像自传一样，证实了必须在“下”总结论或者“下”总布局之前就做好信息和细节的收集工作（图1）。它也是杜尚荒唐的交叉引用原则的综合体现，通过收集的他的作品的摄影照片、彩色副本和复印件。这些都与高质量的手工工艺形成了明显的相互矛盾。他微缩的物品成了促进公众解读的催化剂，就像可以开合的中世纪三联画*一样。

---

*　三联画指置于教堂圣坛上方的三幅相联的图画或雕刻。——译者注

图 1

马塞尔·杜尚（法国，1887—1968 年），箱中盒（1935—1941 年）。皮革旅行箱，装有微缩的复制画，相片，作品的彩色副本，以及一张“原作”（大玻璃，赛璐珞上的珂罗版画，7 英寸 ×9 英寸），尺寸 16 英寸 ×15 英寸 ×4 英寸。

图 2
公文包的正面
图 3
公文包的背面
图 4
公文包的内部

让·丁格利（Jean Tinguely 瑞士，1925—1991 年），《金属》（1973 年），K·G·蓬图斯·胡尔滕（K. G. PontusHultén）撰文，巴黎皮耶郝利出版社（Pierre Horay Editeur）出版。带锁扣和把手的公文包，装有平版印刷的绘画、分析图、相片，还有剪报、透明牛皮纸以及一幅由丁格利的机器“Meta-matic 六号”完成的原作。

电子图片，版权 © 图里多艺术博物馆 / 艺术家权益协会（ARS）授权，纽约
Digital Image © Toledo Art Museum/Licensed by Artists Rights Society（ARS），New York.

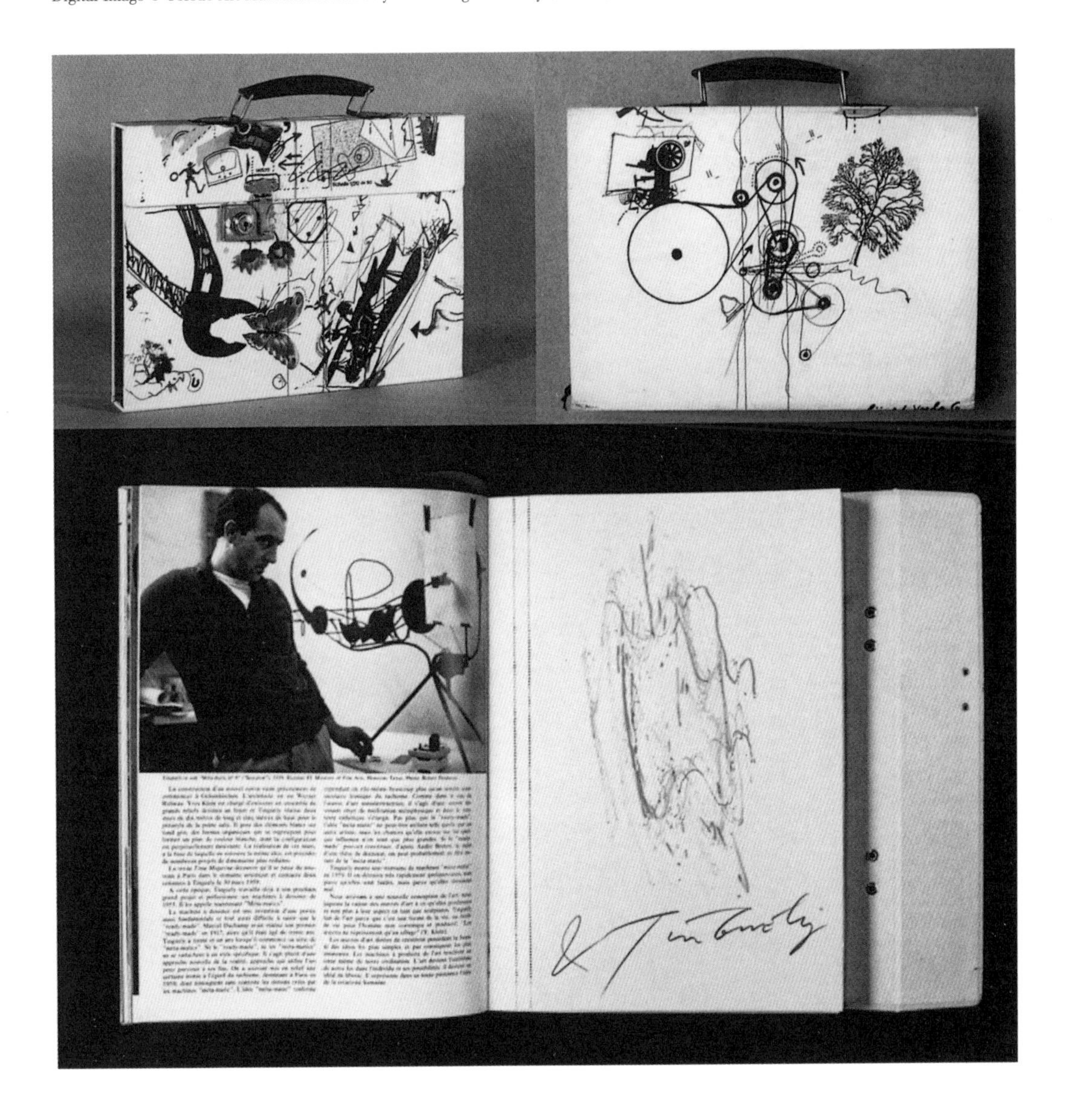

作品集模式实质上证明了不断重复形式的价值。比如说，生前非常活跃的瑞士艺术家让·丁格利（Jean Tinguely，1925—1991 年）的第一个作品集是用锁和运动手把模拟的一个公文包，包含了最初的“Meta-matic”绘画（图 2 ~ 图 4）。在这个作品集里他用重叠图和折叠式插页来阐释他对 1960 年在现代艺术博物馆举办的历史性的“机械”展览的透彻研究。这个作品集代表了丁格利的“后机械化”工作方法,包括画、移、玩、斗、爆和炸。它的特点是元素或者母题基于他对抽象空间的建构，在特定模式下规律地或者随机地反复呈现。

最后,丁格利的作品集不仅仅只是好看而已:它提供了一种记录——既是机械化的，也是具有想象力的——以及更重要的，它是反映着丁格利艺术诉求的价值观的宣言。

1.3 作为游戏的作品集

作品集的特点是或者说得益于新事物、新想法：创造的、新兴的、革命的、原生的。有一些作品集的确是独一无二的，比如阿尔贝特·克奈尔（Albert Kner，1899—1976 年）的《游戏作品集》和查尔斯·伊姆斯（Charles Eames）的《卡片之宅》。他们都由特别的元素组成，在传递信息的同时又突出了形式与功能上的双重卓越性。它们是有创造力的、惊人的、原生的艺术创举。

匈牙利设计师阿尔贝特·克奈尔创作的作品集，是结合了娱乐和多种功用的高度灵活的装置。他一共手工制作了 15 本令人眼花缭乱的册子，还有一个书套，共同组成了他的《游戏作品集》。克奈尔的作品展示了过程和策略的大量细节，涉及在作品集建构中的写作、解决具体问题、主题研究、分析信息以及描述他自己的观察。

克奈尔作品集的复杂建构使用了木、纸和金属三种材料。他为棋盘游戏设计绘制了错综复杂而富有想象色彩的细节。他和他的家庭移民到了芝加哥，然后在他第二次参加美国集装箱公司（CCA）面试时——由沃尔特·比帕克（Walter Paepack）主持——他被当场聘用为美国集装箱公司的第一包装设计师，这说明了他那不同寻常的制作方法是非常有用的。

而查尔斯·伊姆斯在他 1952 年的作品《卡片之家》——由两组 54 张扑克牌大小的卡片组成——创作了一种三维结构，并提倡这样一种观念，也就是作品集可以成为一种游戏。伊姆斯展示了注重三维形式的信息的设计和表达也可以不缩减其物质性、技术、情感、全局观和恰当性。

这些卡片不仅只在纯感知的层面上非常动人。进一步细看，它们揭示了我们想当然地觉得无用或者不美的日常物品所传递出来的信息。与卡片的互动是其最真实的使用方式，就如同是作品集成型的过程：最重要的是通过不断增加和精炼内容来保证作品集的持久生命力。

1.4　案例研究

21 世纪见证了从印刷技术到数码复制的转变。这一章里的案例分析描述的作品集折射出包括可动、可转移和交叉方法论在内的创新性——这不是学科变化带来的结果，而是更广阔的生产和通信的全球化进程所带来的影响。它们是凯文·黎（Kevin Le）的三维视觉作品集，菲利波·洛迪（Filippo Lodi）的四维构成作品集，王哲韦（Che-Wei Wang）的互动网页作品集，切里·威廉姆斯（Ceri Williams）的性能导向作品集，以及理查德·M·赖特（Richard M. Wright）的师生合作作品集。

凯文·黎重点强调了作品集作为有效的、高相关度的对话的功能。他的设计方法的目的是为了在讲述者和听众间建立起开放的关系。客户可以有力地参与到决策中去，因为他们可以做出一些必须在设计中被考虑进去、描述进去和做出改良的决定。他十分注重等式两边的接受度和表达度之间的平衡。通过构建最小化偏见、开放式讨论和创意性开发的框架，他鼓励客户参与到决策过程中来。

菲利波·洛迪的作品集是按神经元和触媒的科学图示安排的。这些所谓的“反应”通过作品集的编排，同时提供了线性和非线性的两种阅读指南。他根据层次、母体、系列、重叠、空间问题和对应的说明文字来组织信息流的能力使他的作品集变得独一无二。

王哲伟的相对暂时性理念——过去、现在和未来事件或场景之间的关系——体现在他对计时装置精密的、精确的、近乎荒诞的研究中。他制作作品集的各个瞬间被精确地记录下来，如同钟表秒针刹那的静止那样。

切里·威廉姆斯的作品集中，令人耳目一新的不拘一格和轻松随意的自信一目了然。他有意回避一种标准化的、无个性的、流水线式制造的容器式作品集，目的是为了创造能自我表达的作品集。他的工作方法和结果都是含蓄而低调的，具有明确的友好性和外向性。

理查德·M·赖特将混合式作品集的概念定义为一种实验场地，在其中设置轨道，使方案没有物理或图像感官上的联系。这不仅是靠不同的环境表现技术来完成的，也需要在深入度、灵活性和实验的新颖性上的大量投入。

凯文·黎

策略

这种作品集方法的目标是为了让作者去学习如何工作并从中进步；去辨识一般的线索和想法，区分它们，理解它们各自的重要性；也是为了更好地理解作为设计师的自己，同时获得一种向他人简明介绍自己作品的方法。我相信这种方法对靠直觉行动的设计师来说是很有利的，因为设计师做决定时更多靠感觉而非理性。它让这种内部的“感觉”外化并从情感转变为逻辑。我还想说，这种方法更适用于作者亲自讲解、允许对话互动的情况。它也让人能比较和解剖不同类型的项目，比如绘画、建筑和雕塑。这个作品集由多个独立图板组成，允许项目以不同顺序编组，每个图板都可以跟另一个相比较或者单独查看。

有很多因素影响着图板的排版。我个人觉得方形排版很适合这种作品集。方形版面有一些缺点，但是其益处弥补了它的弱处。等距离的边长避免了重力上的偏见，这样是说，方形的特质让作者可以上下颠倒地看自己的作品，转一个顺时针的 90° 或者逆时针的 90° ，而视觉上仍然平衡。从另一种有利方式来观察你的作品可以潜在地产生对项目的新解读或者观察方式，这种非方向性让内在表现力变得更明显。

制作

制作材料是作品集一个重要的因素。这个因素比较有活力，它所提供的探索自由往往只有在项目初期才存在，但是材料让这种自由在“结论”部分也仍然存在。这可以说是在你已完成的作品上再增加个人记号，让它更容易理解，或者探讨另一个新想法，在不用担心毁坏了自己已有工作的情况下，再度发展和阐述自己的思想。它的概念和草图纸或是在 Photoshop 里增加图层类似，也就是在有机玻璃上使用干性马克笔。

这个方法会出现一些内在的实践性问题：搬运多个构件的便捷性；保护有机玻璃不被擦花；需要有序、深思熟虑的安排，作为容器的箱子是解决的方案之一。箱子有很多种材料选择，而我觉得木头是最适合的，因为它的可塑性和丰富的特性。我偏爱未上漆木头的气味和触感。盒子的特点和图板保持一致，开合通过不锈钢铰链完成。独立的薄木板为图板提供了独立插放的狭槽，让图板与金属构件分开。箱子周身有一道凹槽，是用来绑稳盖子的皮筋的。还有一些槽用来装干性马克笔。箱子加盖封蜡、徽章或者手印，以强调其个人性。

建议

- 要保证作品集的类型和它的用途相符。不管是为了面对面的面试还是匿名的参观，作品集应该能让作者最大程度地利用环境。
- 技术在飞速地变化，保持先进的确能带来新的机会，但注意不要让电子技术替代了你在艺术课上学到的知识和技巧。
- 勇于去实验；创意出自玩乐中。
- 浮现的每个问题或者困境都是产生创意而合理地解决方案的机会。
- 玩得开心。

金属构件

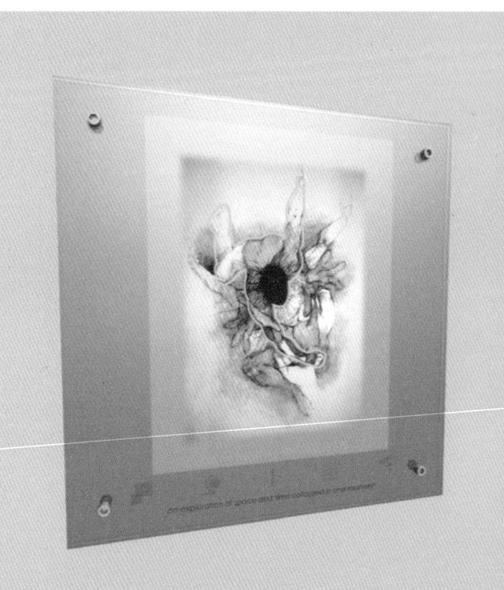

我所想的

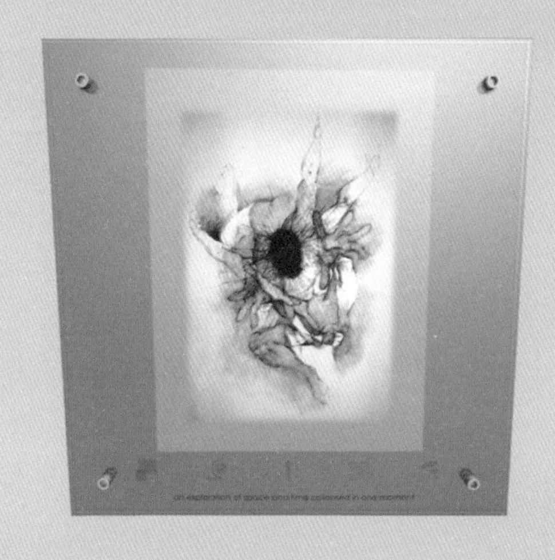

Concept diagrams

概念分析图

项目描述印上文字

Project sentence press-on

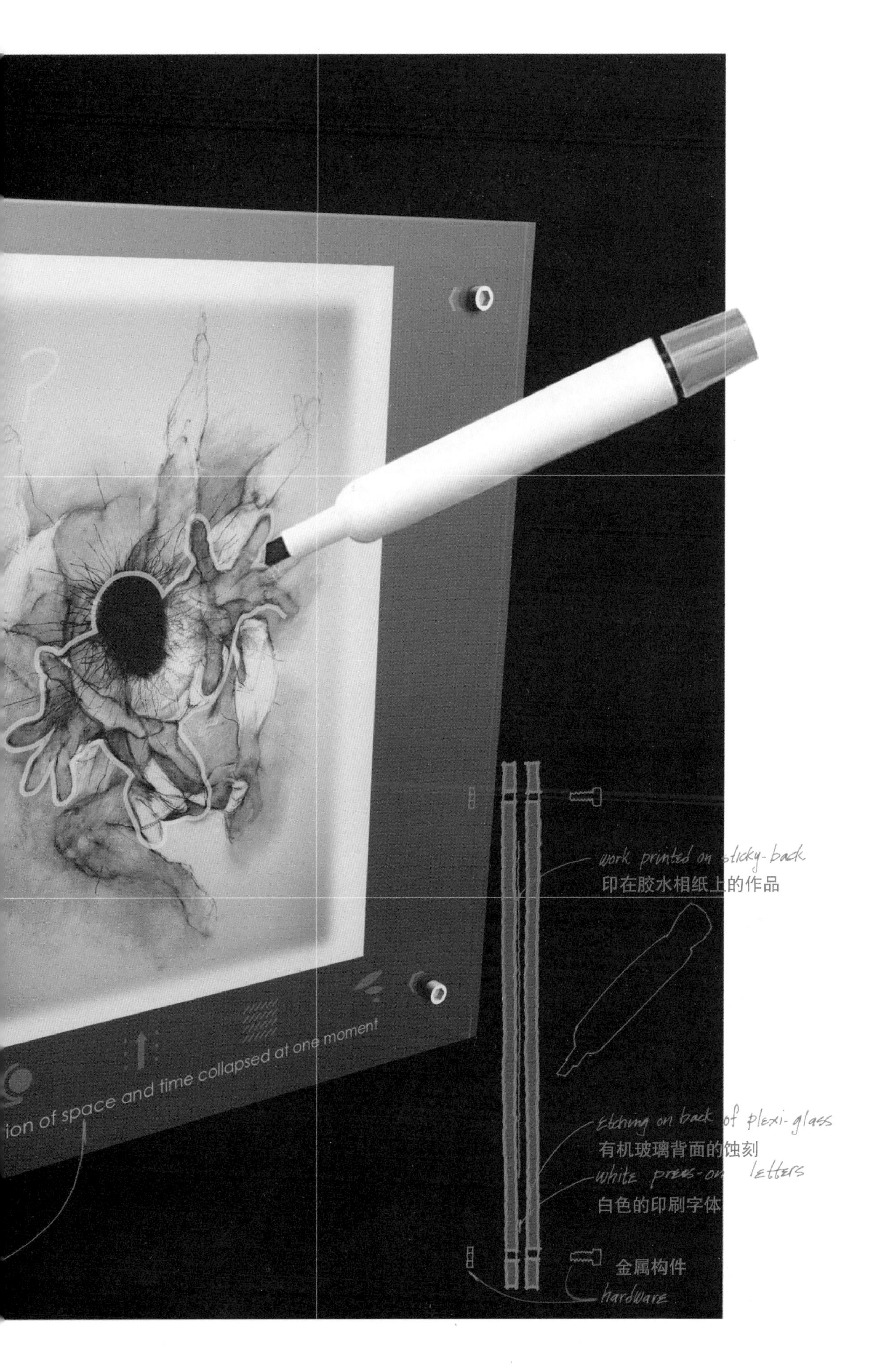
ion of space and time collapsed at one moment
work printed on sticky-back
印在胶水相纸上的作品
Etching on back of plexi-glass
有机玻璃背面的蚀刻
white press-on letters
白色的印刷字体
金属构件
hardware

slots for dry erase markers

放干性马克笔的槽

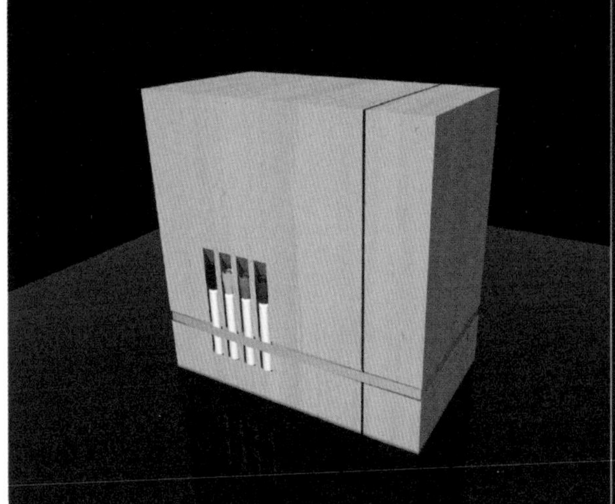

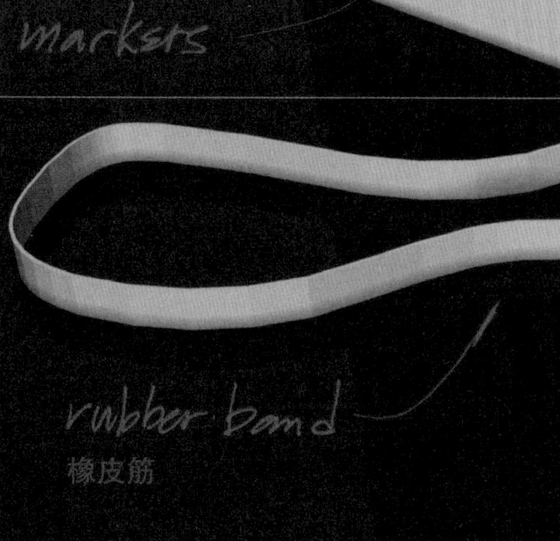

Slots to protect plexi from bolt scratches

狭槽可以固定有机玻璃，保护它不被螺钉刮花

Hinged wood box

铰链木箱

菲利波·洛迪

1. 你制作作品集的基础理念是什么？

我将作品集看作是为我作品的时间和空间搭建框架的器具，即制作空间。因此我试图将它做成一个以剖析、测量我多变的自身片段为目的的智能系统。当今数据流充斥的现实已教会我们去过滤信息，所以作品集作为我自己的数据流的骨架，必须突出不同视角，锁定每个项目的最强点。我的作品集调整了每个项目的内容，让它们成为有整体框架的内容，来表现制作空间

2. 你的作品集是你当下工作的集合，还是囊括了你所有作品的连续的全集？

我必须常常重新塑造和建构我作品集的样式，这是出于交互设计的策略。一种快餐式的交流方式正逐渐控制和支配我们的阅读习惯，成为无所不在的常事，就好像我们没法读比一条“推特”更长的消息。而作品集要做的就是推翻这种交流方式。这是个模糊的目标。

3. 你同时有很多作品集吗？它们之间有什么差别？

我的作品集是针对其特点读者的系统。它在版式、大小和媒介方面可以转换——它可以是电子的，比如一个网站，也可以是很短的篇幅而仍然能用。

4. 作品集的实体与其内容相一致，还是会做出刻意的对比？

打印版本带来了一系列指向感官的设计要点。纸张的类型和大小，打印机的类型，纸张是如何装订到一起的——和结构一样，这些都得设计。重制作品集中的相同图纸需要考虑到巨大的制作压力，以及不断制作出属于同一族系的不同产品的可能性。

5. 你用设计方案使用的材料做作品集吗？

目标作品集的外壳是内容作品集的容器。它不解释任何内容，而是突出它所含内容的价值——它是经过设计的。

6. 你对制作作品集的过程有什么建议？

请去 :http://en.wikipedia.org/wiki/Empire_ (book)

制作空间
时间轴
技术的
学术的
职业的

菲利波·洛迪
作品集

项目 01

项目 02

项目 03

项目 04

项目 05

项目 06

项目 07

作品集网络

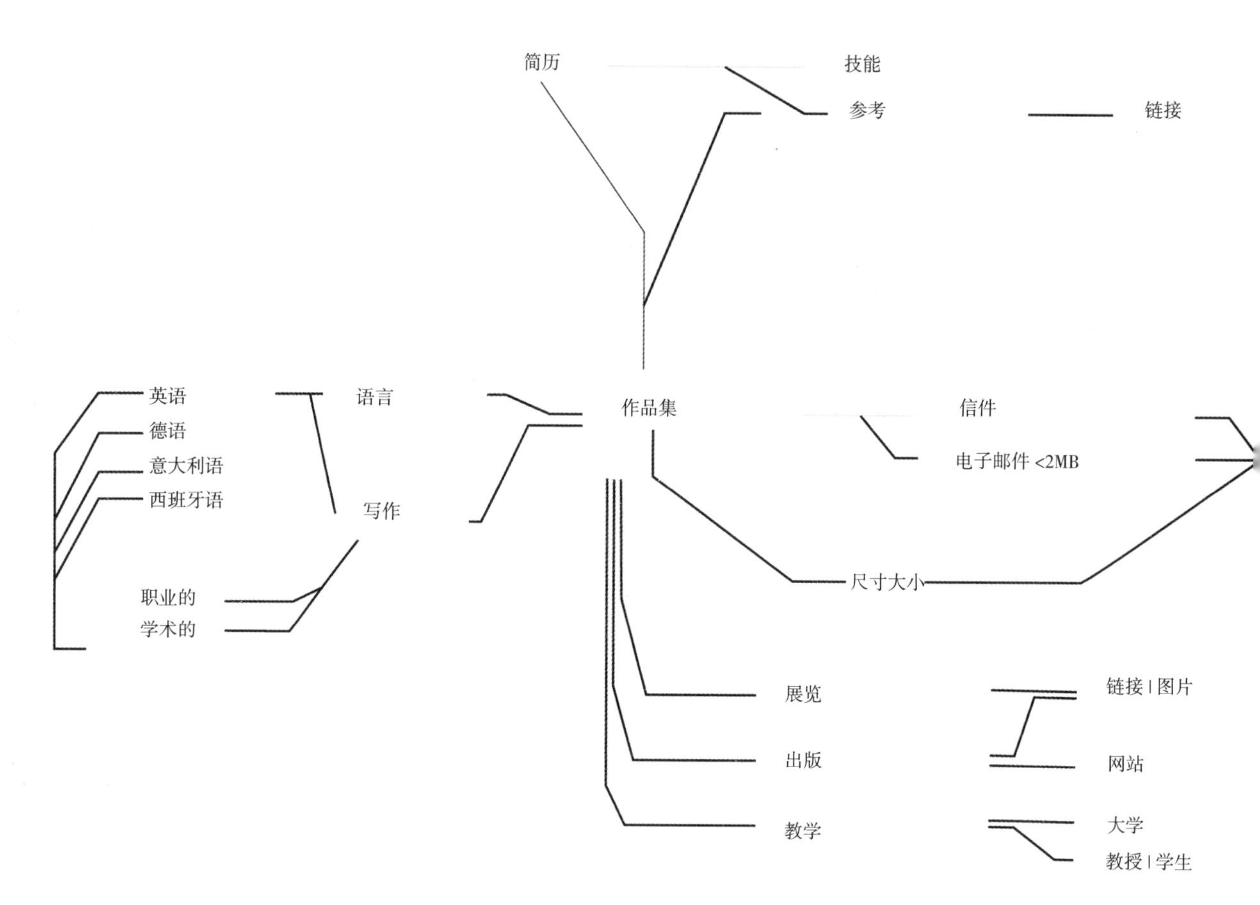

简历
技能
参考
链接
英语
德语
意大利语
西班牙语
语言
写作
职业的
学术的
作品集
信件
电子邮件 <2MB
尺寸大小
展览
出版
教学
链接 | 图片
网站
大学
教授 | 学生

集内容，排版，封面

标题页 | 排版

标题

图纸

文字 | 分析图

urban re-development :- a firmware ac

A firmware is an entity that stands among hardware and software. It is a regulation system. the thesis proposal investigating the urban re-development of the Degussa site, under the urban front of a skyscraper in its pertinence to the inner city of Frankfurt, intensifying and relating different contextual conditions and inputs. Intensification in terms of addition of program, public space and relaxation upon the freeing of the area for public use and leisure.
Two models, the network model, and the "muscularity" model (circuit diagram above) are used to achieve this relational [illegible] of assimilation and relaxation of the urban space. The network model activates the redevelopment of the site [illegible] generating differentiated opportunities for program insertion, generating an ecology of space [illegible] environments. The "Muscularity" model allows for a design methodology that combines stress driven form finding with floor distribution logics and it proliferates the concept of muscularity seen as [illegible] surface.

内容页

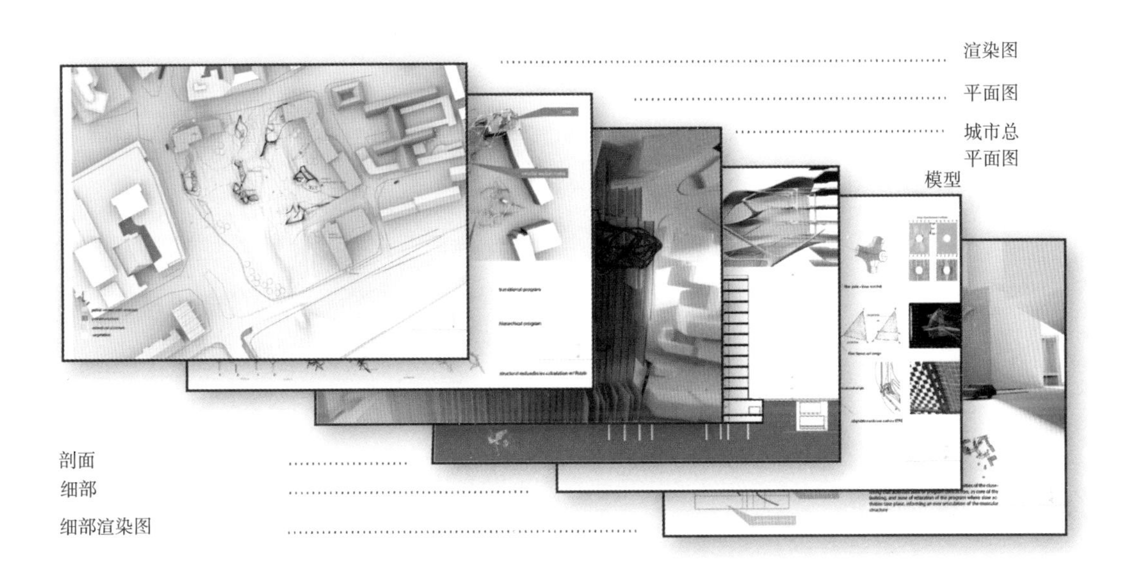

封面

王哲伟

1. 你制作作品集的基础理念是什么？

对我来说，作品集是伴随每个项目成长的记录文件。它是伴随每个项目的小册子，包含了草图，分析图和文字，都是内部交流用的。如同项目会经历很多次反复一样，这个册子也是，当每个项目最终完结时，记录文件自然地被制成反映、表达设计方案的作品集。

2. 你的灵感来源和影响你的是什么？

技术进步带来的可能性强烈地影响着我的作品和作品的表达方式。新的打印、出版和交互方式都使我激动不已。

3. 你怎么描述你制作作品集的过程？

我认为在一个项目发展过程中，我可以像艺术家一样在上百次尝试中自由地探索、发现和创造，并找到一个合适的时刻用一个建筑师的眼光去规范作品。作品集是一个让人可以自由漫游，随时退后观察的平台，来评价、筛选作品，使其有质量、有营养，以备下一轮探索之需。

4. 你同时有很多作品集吗？它们之间有什么差别？

我同时有很多不同样子、尺寸和发布媒介的作品集。近期的作品集是单独项目的册子，但它们也是不统一的。创作作品集的每个机会都会带来一批新想法。也许有一天，版式会被修改，所有项目册子会有同样的版式和设计，但是到现在为止仍是尝试的过程。

5. 你的作品集是你当下工作的集合，还是囊括你所有作品连续的全集？

我的作品集更重视我现在专注的工作。总有崭新而令人兴奋的事物在眼前出现，所以我大部分时间都在考虑下一步做什么，而不是我做了什么或它们会和下一步有什么关系。

6. 你作品集是加入了所有你感触的意识流记录，而不加入必要的物质相关的特别意图?

我的作品集常常充当一连串主意和关注点的速记本。我真的把印刷初稿的册子当画草图的地方用。

7. 你的作品集设计是灵活的吗?

网上作品集非常灵活，可以不断地增加和编辑项目。我试图最灵活地使用打印技术，但是每本作品集都有被完成的时候，就是它们变成一个项目或许多项目存档的时候。

8. 你的作品集基本是以图为主还是以文字为主?

基本是以图为主，文字是补充材料。有些地方文字对理解项目的文脉和历史非常关键，但是，在大多数情况下，图像为主打。

9. 你的作品集主要是设计主导的还是项目主导的?

主要是项目主导的。不同尺度和环境的项目要求有不同的策略，所以我只有一个非常宽松的总体理念来引导设计行为，每个项目都需要一个它自己的作品集。

每个项目都有它的册子，这些册子伴随整个设计过程变化。早期的草稿册子提供了画草图的平台，成为通向最终表达的设计工具。

在四个月的进程中，我们造出了六种实验性的计时装置。名为“时间六部”的册子展示了每个装置的概念框架，并用文字和图像做了记录。

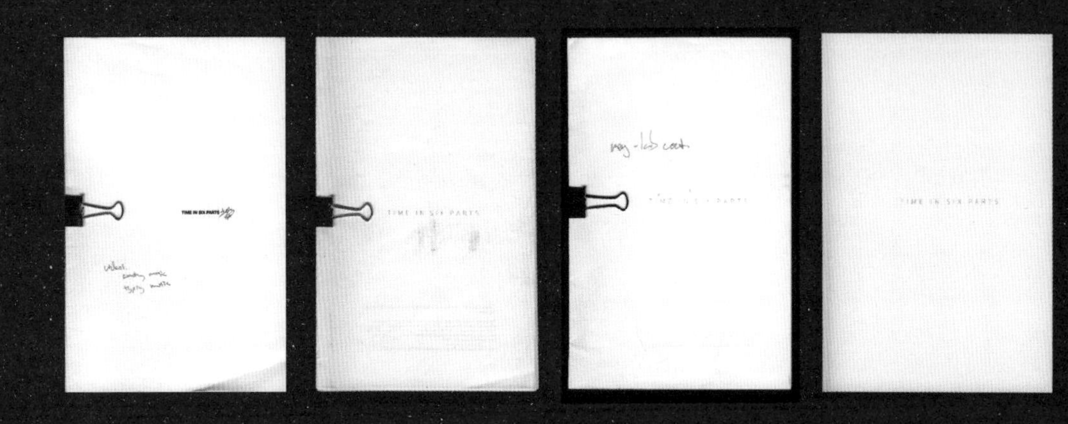

从最初的版本开始，就从头到尾地设计了 5.5 英寸 ×8.5 英寸的草稿册子。它们提供了可以画红线批注的打印样稿和用来绘制设计草图的空白页。快速装订让册子从计算机中实物化，这样它就变成一个触摸得到的物件，可以被不断地评价。

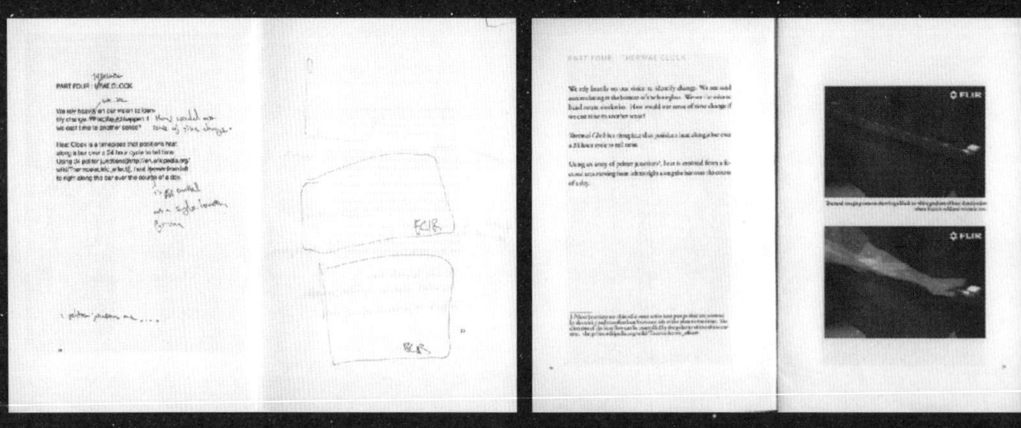

draft layout

nearing final

PART THREE ONE HOUR SPROCKET

How accurate does a clock need to be? Most household clocks display time with 3 mechanical movements; the hour, on a 12 hour cycle; minutes past the hour; and seconds past the minute. How crucial is it for us to know how many seconds are past the minute? Do we need to know the exact number of minutes past the hour?

One Hour Sprocket is a wall-mounted 12 hour clock with a 60 tooth sprocket attached to a motor, completing one revolution every hour. From the sprocket hangs a chain that consists of 720 links. Each link accounts for every minute of a 12 hour cycle. Among the black chain links is one polished stainless steel link to identify the position of the hour past 12 o'clock. To tell time one can estimate the position of the "hour hand" or count the number of links from the polished link to the top of the clock for a more accurate reading.

Between two 1/4" steel plates, sits a stepper motor, which ticks every 18 seconds. The hanging chain juggles with each tick reassuring the clock's functionality.

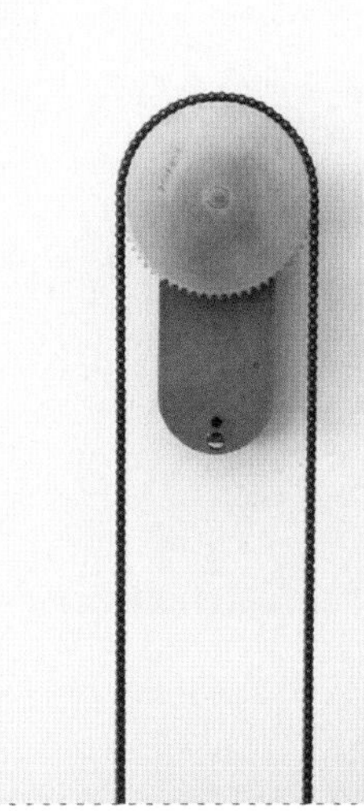

以图书打印的标准调整图像和文字，这样装订线就能被考虑进去了。每个计时器都排了两个跨页，第二个跨页包含更多配图。

final booklet

王哲伟

cwwang.com 是用 Wordpress 建成的网站。这个开源软件（用的是 PHP 和 CSS）提供了一个直观的背景程序，可以方便地添加项目和相关公告，让网站保持持续更新。用户界面程序使用一个名为“海明威”的自定义主题。所有界面程序的可视元素都可以持续地通过 PHP 和 CSS 编辑轻松改变，所以每次都是做些小的设计变动，而不是几个月一次对设计方案的彻底翻修。

cwwang.com | Che-Wei Wang

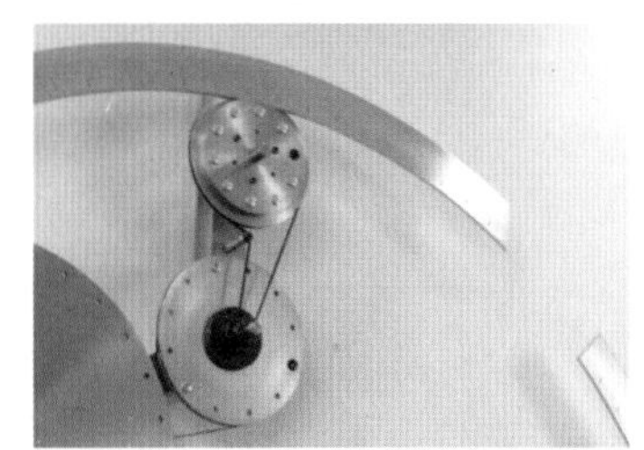

3.16 Billion Cycles

Can we watch decay? Can we see glass as a fluid slowly slumping and deforming over time? Everything is in constant flux, yet we consider many things around us static and fixed. 3.16 Billion Cycles is an attempt to unravel a seemingly unchanging 100 years into a set of relationships in digestible increments.
(more...)

full post>>

Posted at 4pm on 05/05/09 | 8 comments
Filed Under: Featured, Mechanisms, Physical Computing, Products, Projects, Sculpture, Time

links on del.icio.us

Download Create Booklet PDF Service for Mac - Export documents as a PDF booklet. MacUpdate Mac Author Tools Software Downloads
THE CLASS » Bamboo Bike Studio
KINETICA MUSEUM OF KINETIC ART : Spitalfields London
Sliding House, By DRMM | Video | Wallpaper* Magazine
Gizmodo - Jaquet Droz Time-Writing Machine: Elegant in Still Life, Clumsy on Video - jaquet droz
TOKYO FIBER '09 SENSEWARE

Other Work

core.form-ula
Future Feeder
Journal of Architecture and Computation Culture
momobots
on Flickr
on Vimeo
Prefab China

About

cwwang.com is where you will find Che-Wei Wang's latest projects, blog posts, and other things. If you have my business card, fold it into a paper airplane.

[twitter.com/sayway]

my location last updated 05.08.09 12:58 am.
(bigger map)
cell tracking by InstaMapper

Recent Posts

Thermal Clock
Cinematic Timepiece
Time in Six Parts
Counting to a Billion
3.16 Billion Cycles
Sprocket Rhinoscript
1 Hour Sprocket Clock
Sun Angle Script
In a Lifetime
momo <3 sparkfun
Thermochromic Slow Resolution Display
21st Century Confession Booth
I can't stop thinking of you (too)
P.Life V2
Elevator P
Turf Bombing
The New Vote

Categories

All Posts
Projects
2D Graphics (12)
Architecture (17)
Arduino (13)
Big Screens (2)
C (14)
Comp Form (16)
Featured (9)
Furniture (9)
GUI AJAX (1)
ITP (75)
Live Web (6)
Mechanisms (2)
Media Change (3)
moMo (15)
Oblik (8)
openFrameworks (5)
Ornos (4)
Parametric Modeling (6)
Physical Computing (41)
Press (6)
Processing (12)
Products (19)
Rhinoscript (10)
Sculpture (7)
Soft Pneumatic Exoskeleton (8)
Software (22)
Teaching (9)
Telepresence (9)
Tetherlight (3)
Time (8)
Uncategorized (1)
Urban Computing (7)
Video (4)
Wearables (12)
Web (8)
Work in Progress (87)

3.16 Billion Cycles

Can we watch decay? Can we see glass as a fluid slowly slumping and deforming over time? Everything is in constant flux, yet we consider many things around us static and fixed. 3.16 Billion Cycles is an attempt to unravel a seemingly unchanging 100 years into a set of relationships in digestible increments.

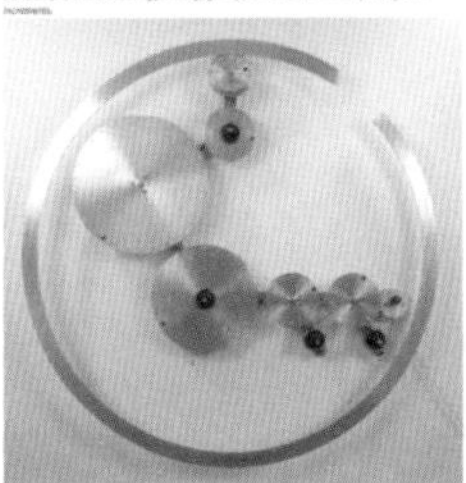

每个项目展开到自己的页面后就会显示出更多的细节。在每个项目下方，访客可以回复或提问。相关的其他网站链接也被列出，方便访客访问。

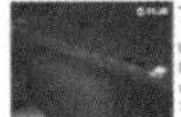

Thermal Clock

We rely heavily on our vision to identify change. We see sand accumulating at the bottom of the hourglass. We see the minute hand rotate clockwise. How would our sense of time change if we cast time to another sense?
Thermal Clock is a timepiece that positions heat along a bar over a 24 [...]

Cinematic Timepiece

Time is our measure of a constant beat. We use seconds, minutes, hours, days, weeks, months, years, decades, centuries, etc. But what if we measured time against rituals, chores, tasks, stories, and narratives? How can we use our memory, prediction, familiar and unfamiliar narratives to tell time?
As a child, I remember using [...]

Counting to a Billion

As a child, I remember challenging myself to count to 1000, 1 million, or 1 billion. I don't think I ever made it.
Why do we aimlessly count? How long would it take to count to a billion?
Counting to a Billion is a device created to fulfill the desire to count. [...]

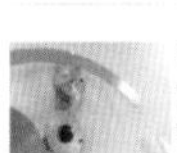

3.16 Billion Cycles

Can we watch decay? Can we see glass as a fluid slowly slumping and deforming over time?
Everything is in constant flux, yet we consider many things around us static and fixed. 3.16 Billion Cycles is an attempt to unravel a seemingly unchanging 100 years into a set of relationships in digestible increments. [...]

1 Hour Sprocket Clock

How accurate does a clock need to be? Most household clocks display time with 3 mechanical movements: the hour, on a 12 hour cycle; minutes past the hour; and seconds past the minute. How crucial is it for us to know how many seconds are past the minute? Do we need to [...]

Thermochromic Slow Resolution Display

A slow resolution display made out of standard lightbulbs and thermochromic paint. This display lives at the intersection of digital control and analog output. A matrix of lightbulbs painted with thermochromic paint allows for an image to appear and dissipate analogously to the temperature of each bulb.
The overall effect defies our ordinary understanding of materials and [...]

21st Century Confession Booth

The 21st Century Confession Booth is a service for anyone to anonymously unload the burden of a sin or secret. Confessions can be dropped off by entering them on the web at confessionbot.com, by calling 718-406-0483, or by finding one of our public confession microphones. Messages are anonymously transcribed and posted to [...]

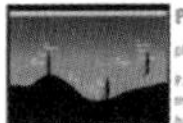

P.Life V2

plife at IAC from che-wei wang on Vimeo.

P.Life is a large scale interactive screen designed for the IAC's 120' wide video wall. In the world of P.Life, Ps run across the 120' screen frantically moving material from one house to another. Along the way, Ps exchange pleasantries (based on text message inputs) as they [...]

Turf Bombing

Turf Bombing is a location-based war game which rewards and encourages traveling to and learning about different neighborhoods.

The New Vote

TheNewVote.com is a location-based SMS polling system and place to post photographic proof of election day votes.

One Brass Knuckle

Brass knuckles for just one knuckle.
Polished stainless steel and black enamel.

Nandalow

なんだろう coming to Tokyo, August 2008.

Dreyfuss Bluetooth Handset

This is a one-off hack to retrofit a genuine Western Electric Dreyfuss Telephone

项目页面是一个按时间顺序罗列的项目列表，可以滚动翻阅。

切里·威廉姆斯

策略

我将编纂和表现我的作品集作为为我作品做个人记录的机会。这让我集中精力于用最能反映我设计特质的方法去记录这些材料。同时，我尽量避免让作品集为了单一的、具体的目的做出改变。

我选择欧洲A3格式（420mm宽×297mm高；一个适合携带的尺寸），这样打印容易且价廉，且当需要时能快速重排。另外，设计包装箱子，排版和标签给了我做制造者的机会，而且避免了使用典型的带薄纸页的硬边黑色文件夹。

纸页是活页的，这样当需要时纸张可以被替换，增加或移除。活页可以并排着看。作品集包含了范围广泛的建筑作品，一些作品与建筑的联系可能不能被一下子看出来。

一个简单的布局——一般一页A3上只放一张图，配上宽边框和简单标签——应用于整个作品集，虽然这个风格有时会调整。挑选能最好地配合每个项目特色的特定纸张厚度和色彩。

图像的标签用的是盖章和手写标签。我为每个项目选了一个简单的主题，然后手工制作了橡皮印章来印标签。在提供信息的同时，这些标签让每个项目的组成页面变得可识，这有助于加强我想要的简洁的组织方式。

我作品集的最终部分在每张纸的反面附有单独的照片。为了帮助读者增进对某张图背后相关的灵感的理解，出于这种渴望我拍了一系列描绘地段现状的照片。建筑物，物品，材料，还有这些要素间的转变都被拍了下来。

制作

我设计了一个简单的木质带铰链的箱子来保存这些纸页。箱子很牢固，也很方便带给顾客看。出于对丝网印刷和织物的兴趣，我设计了一种织物，用它来包裹这个箱子（织物覆盖在一种柔软的衬垫上）。箱子的大小和触感能激起人们的好奇心，鼓励人们去打开它，并认真检视内容。

贯穿作品集制作的所有阶段，我的意图是从过程中获得享受，并尽量减少任何专业技能的需要或昂贵的生产成本。我很喜欢这些由手工制作方法带来的微小的不统一，前提是小心处理，不要让它损害作品集作为单个作品的连贯性。

建议

在制作作品集时，我认为不仅要反映出我作品的特性，反映作为设计者的个人性格也很重要。就如极简主义绘画如果装裱在华丽的镀金画框里会格格不入一样，制作作品集时忠实于一个特定风格有重大意义。

在表达完整的作品时，要注意避免表达方式的前后矛盾，使人困惑。如此，设计的共同主题和元素才能凸显；否则，则可能不会被察觉。

I APPROACHED THE TASKS OF COMPILING AND PRESENTING MY PORTFOLIO AS AN OPPORTUNITY TO MAKE A PERSONAL RECORD OF MY WORK. THIS ALLOWED ME TO CONCENTRATE ON ARCHIVING THE MATERIAL IN A WAY THAT BEST REFLECTS THE CHARACTERS OF MY DESIGNS. I AVOIDED TAILORING THE PORTFOLIO FOR A SINGLE SPECIFIC PURPOSE.

I CHOSE THE EUROPEAN A3 FORMAT (420MM WIDE BY 297MM HIGH; A MANAGEABLE SIZE TO CARRY), ALLOWING INEXPENSIVE AND ACCESSIBLE PRINTING, AND QUICK RE-ARRANGEMENT WHEN NECESSARY. DESIGNING THE CARRY-CASE, LAYOUT AND LABELLING GAVE ME THE CHANCE TO BE THE MAKER AND TO STEER CLEAR OF THE TYPICAL HARD-EDGED BLACK FOLDER.

THE PAGES ARE KEPT LOOSE SO THAT SHEETS CAN BE REPLACED, AUGMENTED, OR REMOVED AS NECESSARY. THE LOOSE LEAVES ALLOW THE PAGES TO BE VIEWED SIDE BY SIDE. A WIDE RANGE OF PROJECTS WERE INCLUDED.

1.

A SIMPLE LAYOUT - USUALLY JUST ONE IMAGE PER A3 PAGE, WITH GENEROUS BORDERS AND SIMPLE LABELLING - IS APPLIED THROUGOUT THE PORTFOLIO, ALTHOUGH THIS STYLING IS, ON OCCASIONS, MODIFIED. SPECIFIC WEIGHTS AND COLOURS OF PAPER ARE CHOSEN TO BEST SUIT THE CHARACTER OF EACH PROJECT.

LABELLING OF IMAGES IS DONE USING STAMPED AND HANDWRITTEN STICKERS. I CHOSE A SIMPLE MOTIF FOR EACH PROJECT AND HAND-MADE A RUBBER STAMP TO PRINT EACH LABEL. AS WELL AS PROVIDING INFORMATION, THE LABELS MAKE THE COMPONENT SHEETS FOR EACH PROJECT RECOGNISABLE, AND THEY HELP TO IMPOSE THE UNCOMPLICATED ORGANISATION.

2.

LONG SECTION CUT THROUGH ACCESS WALKWAYS IN 'TRENCH'

PEN & INK WASH WITH PHOTOSHOP

ORIGINAL: 2000 x 700mm

Ceri Williams statemodern@hotmail.com

FASHION SCHOOL WOVEN INTO DIVERSE AND PREVIOUSLY UNDESIRABLE CONTEXT OF ROAD, WALKWAY, UNDERPASS AND BRIDGE NETWORK.

PEN & INK WASH

ORIGINAL: 800 x 500 mm

Ceri Williams statemodern@hotmail.com

3.

THE FINAL PART OF MY PORTFOLIO HAS INDIVIDUAL PHOTOGRAPHS ATTACHED TO THE BACK OF EACH SHEET. A DESIRE TO RE-CONTEXTURALISE THE INSPIRATION BEHIND PARTICULAR DRAWINGS LED ME TO TAKE A SERIES OF PHOTOGRAPHS THAT DEPICT EXISTING SITES. BUILDINGS, OBJECTS, MATERIALS AND TRANSITIONS BETWEEN THESE ELEMENTS HAVE BEEN PHOTOGRAPHED.

4.

I CONSTRUCTED A SIMPLE, WOODEN, HINGED BOX IN WHICH TO STORE THE SHEETS. THE BOX IS ROBUST AND CAN EASILY BE CARRIED TO INTERVIEWS. AN INTEREST IN SCREEN-PRINTING AND TEXTILES LED ME TO COVER THE CASE IN FABRIC PRINTED WITH ONE OF MY DESIGNS. (THE FABRIC LIES OVER A SOFT PADDING). THE SIZE AND TACTILE NATURE OF THE CASE IS INTRIGUING AND ENCOURAGES PEOPLE TO OPEN IT, AND THEN EXAMINE ITS CONTENTS WITH CARE.

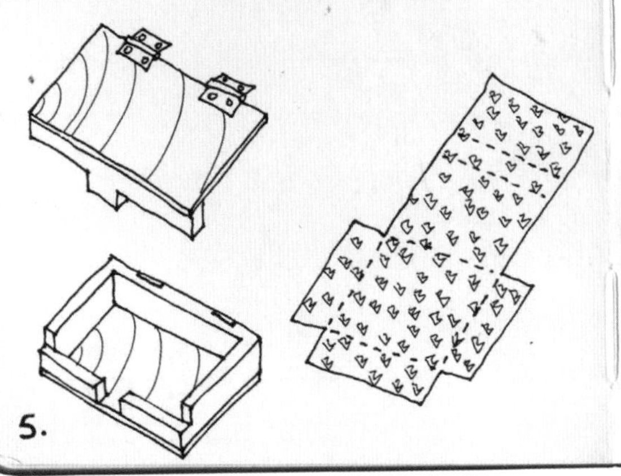

MY INTENTION DURING ALL THE STAGES OF THE PORTFOLIO'S MAKING, WAS TO DERIVE ENJOYMENT FROM THE PROCESS AND MINIMISE THE NEED FOR ANY SPECIALIST OR COSTLY PRODUCTION TECHNIQUES. WHILE BEING CAREFULL NOT TO DETRACT FROM THE PORTFOLIO BEING PERCEIVED AS A SINGLE AND THOROUGH BODY OF WORK, I FAVOUR THE MINOR INCONSISTENCIES THAT RESULTS FROM THESE HANDMADE METHODS.

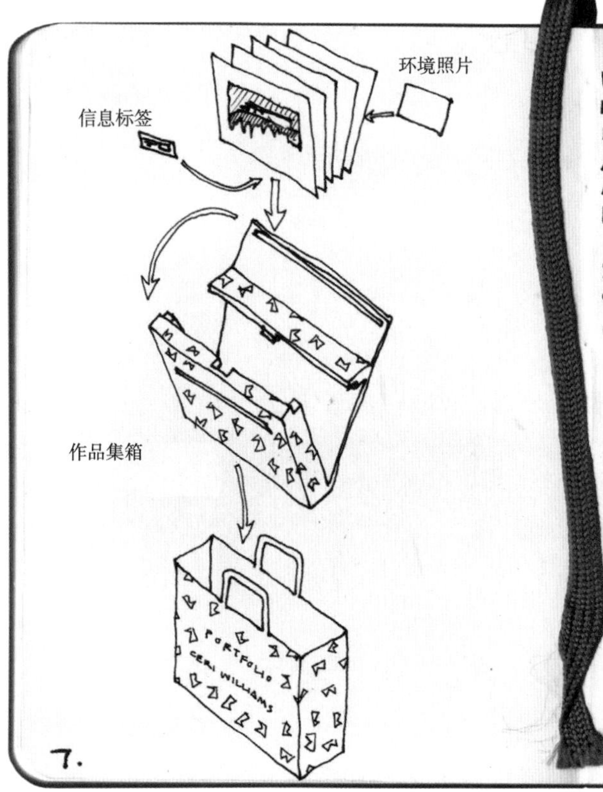

IN COMPILING MY PORTFOLIO I CONSIDERED IT IMPORTANT TO REFLECT THE CHARACTER NOT ONLY OF MY WORK BUT ALSO OF MYSELF AS AN INDIVIDUAL DESIGNER. JUST AS A MINIMILIST DRAWING WOULD LOOK OUT OF PLACE IF PRESENTED IN AN ORNATE GILT FRAME, STAYING FAITHFUL TO A PARTICULAR STYLISTIC APPROACH BECOMES HIGHLY STYLISTIC APPROACH BECOMES HIGHLY SIGNIFICANT WHEN COMPILING A PORTFOLIO.

IN THE PRESENTATION OF A FULL BODY OF WORK, CARE SHOULD BE TAKEN TO AVOID CONFLICTING AND CONFUSING METHODS OF PRESENTATION. IN THIS WAY, THE COMMON THEMES AND ELEMENTS OF DESIGN - THAT MAY NOT OTHERWISE BE IMMEDIATELY PERCEIVED - ARE MADE EVIDENT.

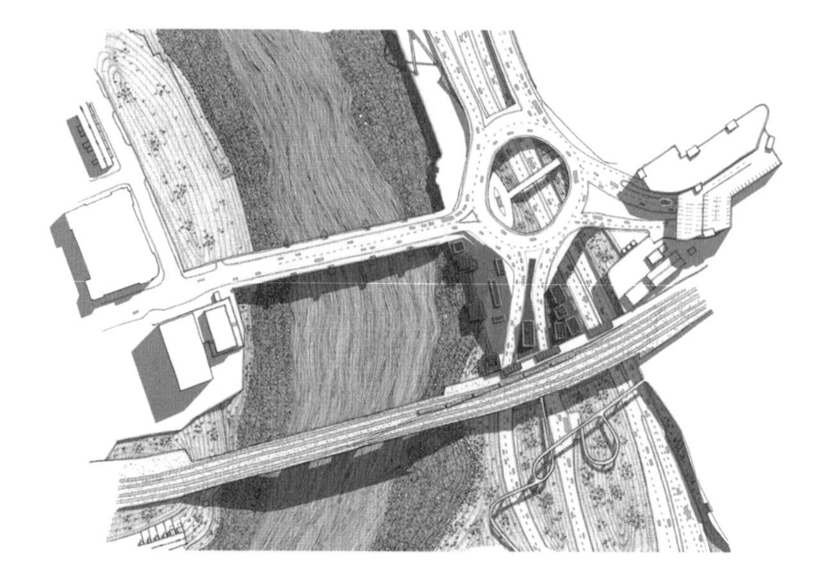

FASHION SCHOOL WOVEN INTO DIVERSE AND PREVIOUSLY UNBEARABLE CONTEXT OF ROAD, WALKWAY, UNDERPASS AND BRIDGE NETWORK.

PEN & INK WASH

ORIGINAL: 800 x 500 mm

Ceri Williams statemodern@hotmail.com

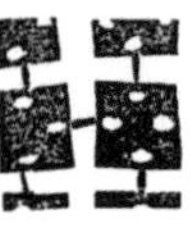

LONG SECTION CUT THROUGH ACCESS WALKWAYS IN 'TRENCH'

PEN & INK WASH WITH PHOTOSHOP

ORIGINAL: 2400 x 700mm

Ceri Williams statemodern@hotmail.com

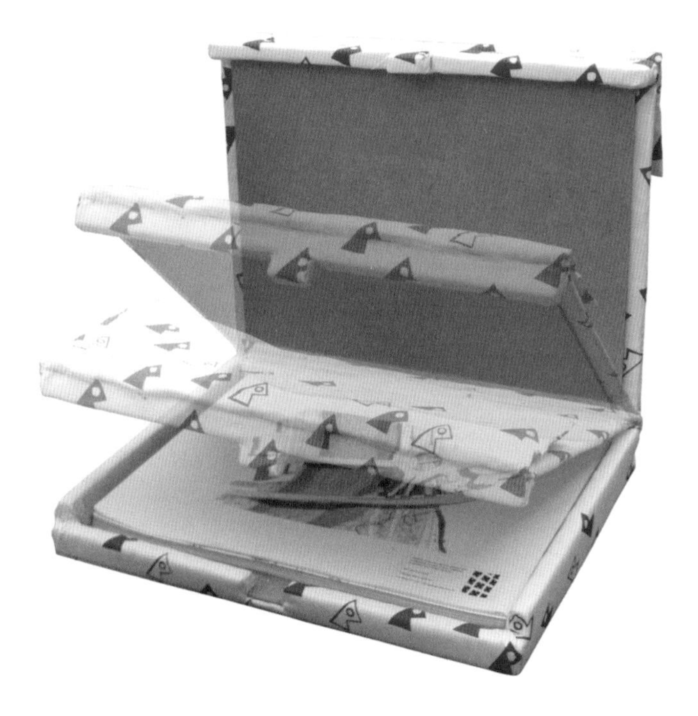

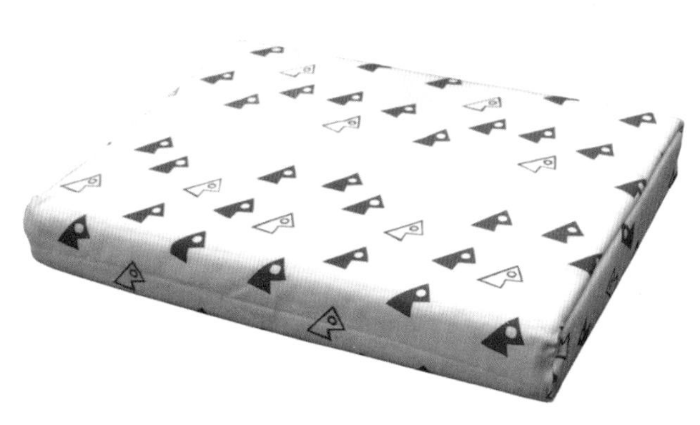

理查德·M·赖特

策略

这项行动的最初目的是展现我工作的两条主线，也就是学术和实践，是怎样并存并互相受益的。另外也有一个更具体的目的，就是展示两个尽管在基础理念上有所联系，但是各自独立的作品集，是怎样被放置在一起的，这就产生了所谓的“混合作品集”。

对于着手制作作品集的作者来说，首先要考虑的是它会被怎样阅读。作品集包含了作品成型的情节发展，因此需要一个叙述结构，可能还要图面上的连续性。结构比较容易解决，特别是对建筑作品集来说，因为根据其方案发展、设计和表达，项目基本走着一条线性道路。如果图面的连续性在作品中没有表现但是作品集需要，那么作品集制作就会变得困难些——它不再是对作品的简单整理和展示，而变成了一个设计问题。即包含两个没有任何实体或者图像联系的、完全不同的项目的混合作品集正是这样。

解决这个混合作品集设计问题的答案就是学习伦敦巴比肯中心。这是一组结合了住宅、剧院和展览空间的非常复杂的建筑物。便于导航的一个解决方案就是在步道上画出不同色彩的线，来访者可以跟随线去综合体中的具体目的地。这个策略被转化用在了混合作品集里，让读者对两个项目存有共通和连续的感受，并理解它们在哪些点交会、在哪些点分开。

一旦决定了这种连接线策略，事情就变得令人愉快，包括设计出它们的线路、风格、组织方式。还有最重要的，在方案互相联系和方案与图像联系时它们共同服从的规则。

制作

页面排版和绘图是在Adobe Illustrator里做的。然后图像被导出为EPS文件，所有内容在QuarkXpress里重新组织。这种做法背后的理由是Quark是更适合打印输出的排版程序之一，但Adobe Illustrator用来绘制最初的复杂图纸是最合适的。为了达到预期的效果，多种程序的使用实际上是表达媒介的结合，在我的工作室很常见，无论是学术性的还是实践性的项目。很多配图是CAD，绘画，照片，图纸和多种绘图软件等媒介结合使用的表达结果。

建议

这类混合作品集的制作是一个挑战，但也是重新构建和审视自己作品的机会。作品集的制作常常提供了重新评价作品以进一步校对调整的契机，并应被视为观察、重评以及可能地重制作品的机会。但是，作品集应该是为了某个目标而做的，这个目标需要仔细考虑，并应被看作设计行为本身，从可得到的最广阔的资源中寻找灵感。作品集是一个微型的设计项目，它就应该被这样对待。

混合作品集，在这个例子中是多个学生作品的集合，相互间有着共同的设计过程，却又各自推崇一种独特的设计直觉。

这里展示的项目和绘图方法试图在从未打算在一本作品集中共存的作品间建立自然的联系和亲密性。它们之间真正的联系是一个潜在的设计理念，是本章的作者在实践和教学活动中总结出来的。

在此，“作品集”的传统观念面临直接的挑战，作品可能是或者正是为了某特定用途编成的独立作品集，比如英国皇家建筑师学会（RIBA）主席奖学生奖项的入围作品，一个建筑物的规划许可和建造过程记录。这个作品集的价值是作为设计过程的注释，以及一个统一的基础理念是如何产生出非常不同的产物，来适应多样的实际应用，而同时又在每一次尝试中仍然保持明确、有效。除此之外，作品集试图展望观念如何成为商品，自由地从学术切换到实践，或者介于两者之间。

这里主要收录了两个作品的作品集，学生项目“破裂——巴拉德住宅”和实际项目“峡谷屋”，并置陈列。这里的理念是展示它们的共同点和它们开始分歧的点。图解也试图展示观点和行为是怎样分化成不同项目和活动的。每个项目的开端都相同，即场地的调查；而这场地的概念扩展成所有与项目连接或有关的事物。

01

02

“破裂”是一项对詹姆斯·巴拉德（J. G. Ballard）性格的研究，基于其小说《破裂》。学生探索撞坏了的车的形象，扭曲破碎的金属的物理特性，一同的还有对詹姆斯·巴拉德破碎的灵魂的探索。成果是一系列媒介、材料和观点的融合，最后以住宅设计告终。

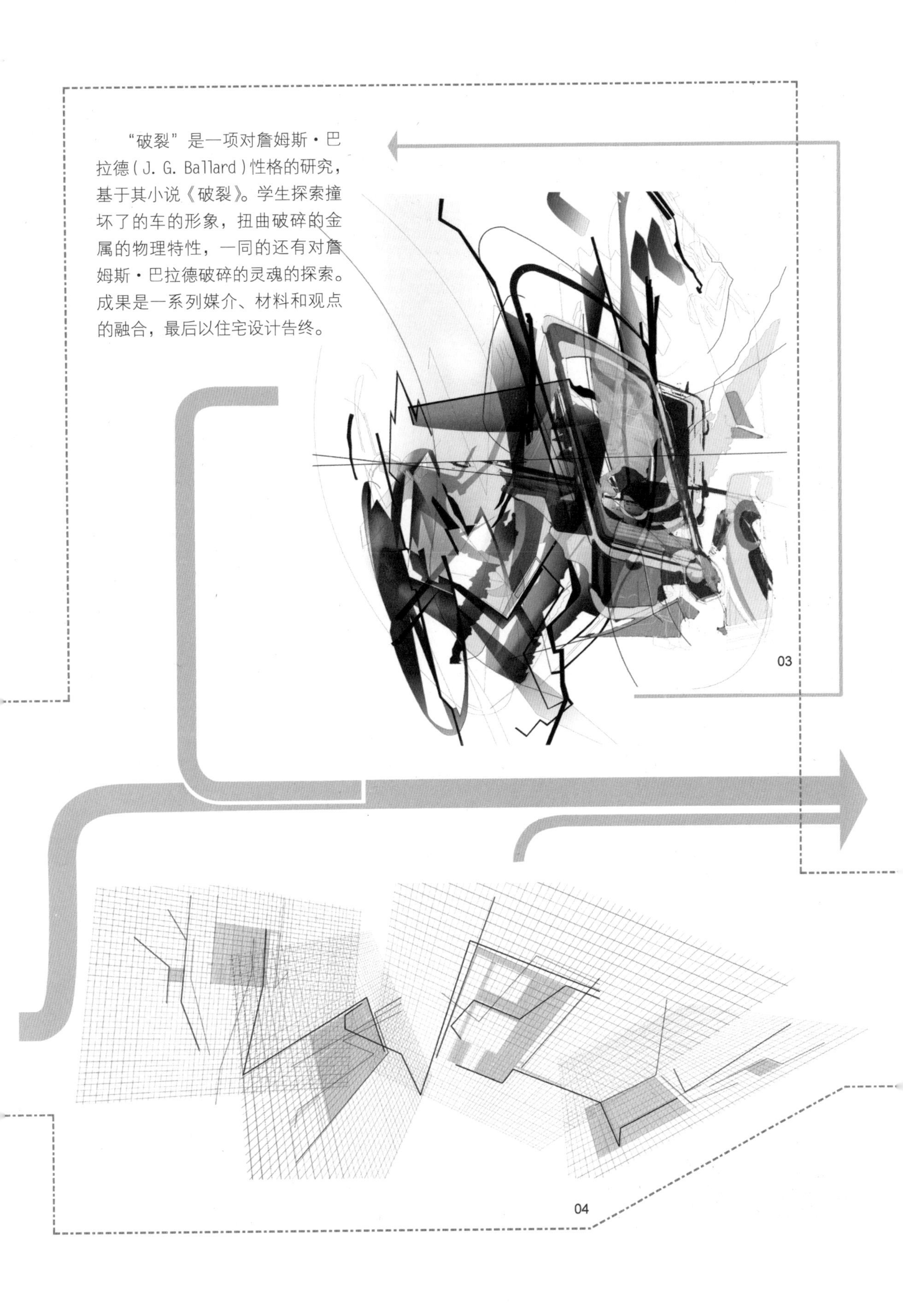

03

04

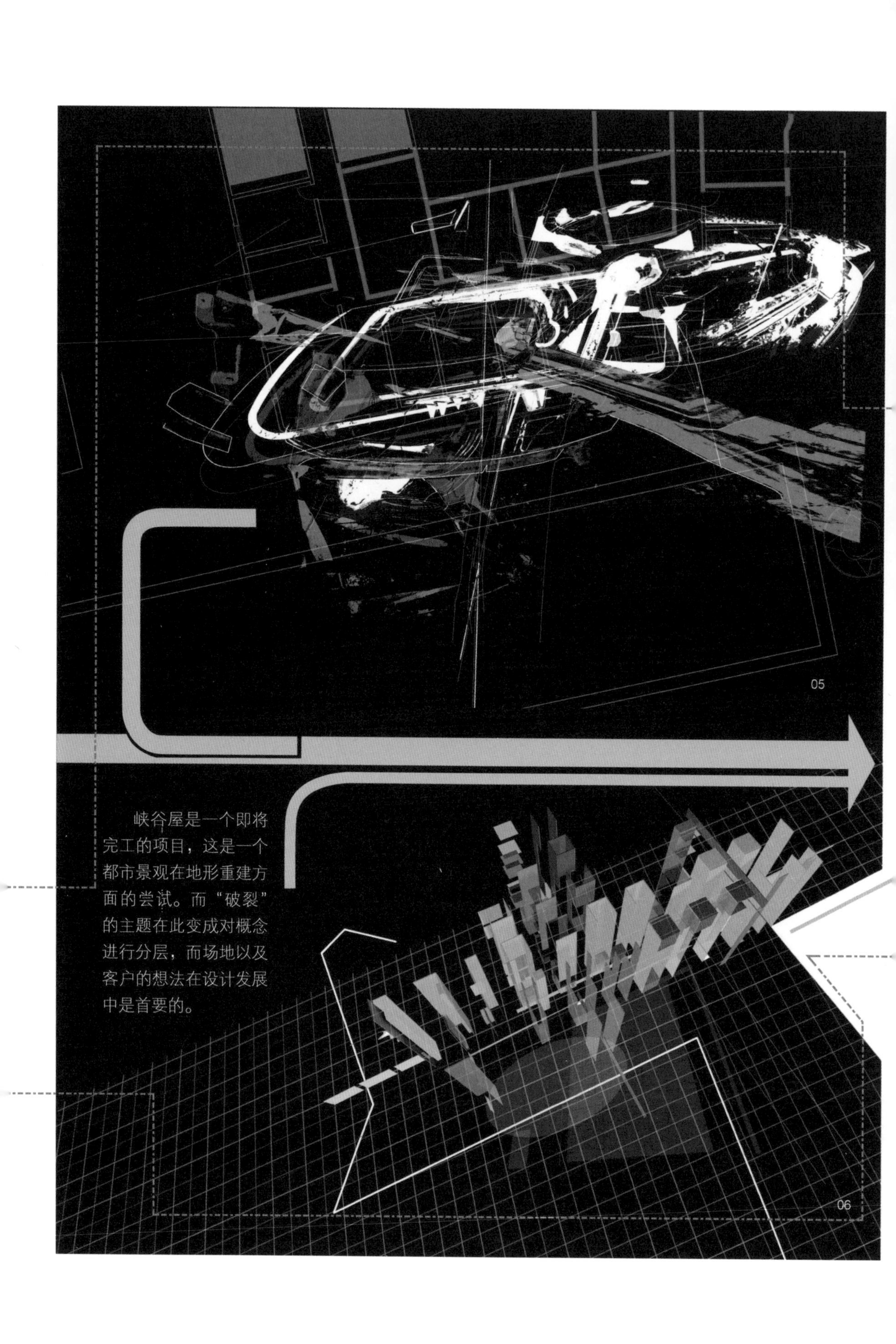

峡谷屋是一个即将完工的项目，这是一个都市景观在地形重建方面的尝试。而“破裂”的主题在此变成对概念进行分层，而场地以及客户的想法在设计发展中是首要的。

这幅画是为峡谷屋设计的研究所做的很多类似场地调查中的一个，这些调查后来回收、转化成家具设计和制作，最后成了名为“橱柜和其他空间畸变”展览的题材。

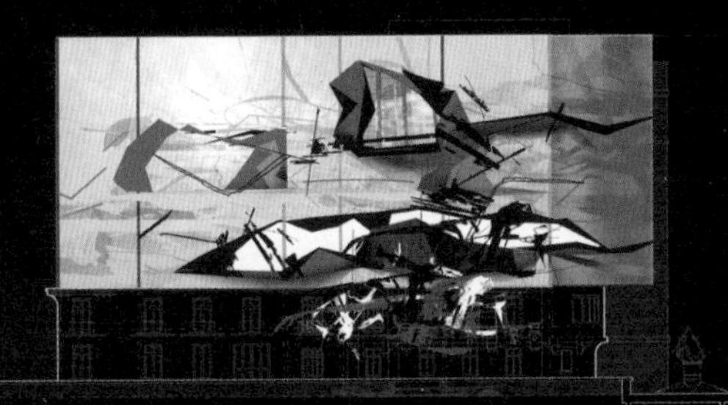

07

爱兹工厂（Ads Factory）是一个和我教学事业并存的建筑实践工作室。工作室不断发展和改变，以应对不同的条件。它当下的代表作包括了两个已有的实践，一个是明显商业化的，另一个只考虑了思想价值和实验性设计。

08

10

09

拼贴的渲染图，展示了建筑物室内设计的发展过程，可以看到作为客户和主人的巴拉德给他的家带来了碎片和纪念性。

11

图解列表

作者名录

英国爱兹工厂设计公司（adsfactory.co.uk）
合伙人：理查德·M·赖特，彼得·E·赖特
成员：芭芭拉·M·H·格里芬，萨利姆·艾曼那

学生项目
马克·金，RIBA主席奖入围者，2008年IGuzzini旅行奖获得者
设计教师理查德·M·赖特，萨利姆·艾曼那。
林肯设计学院

12

第二章

规划与选择

Chinagraph
PHANO CHINA MARKER
92 White / Blanc
PHANO CHINA MARKER
FABER-CASTELL
CASTELL 9000
STABILO
DERWENT STUDIO

规划与选择

规划对我们来说应该是个熟悉而老练的工作。规划可以是如同制作一个名单或者绘制出一项活动的流程那样简单的事情。对作品集来说，规划的重要性是很简单直接的：定义需要解决的焦点问题，以及它们的解决顺序。规划保证了可预期、有序、可靠、简单、灵活的分阶段系统来制成和完善作品集。引入阶段的概念可以让我们以流线型和结构化的方式组织规划过程。这里有一个隐含的原因，关于阶段会如何影响作品集的准备以及它们会怎样带来所期望的效果——一般是得到一份工作或者一个面试机会。阶段可以是独立的，但是它们常常合并或者互相渗透。

将构想从内心世界带到物质的外部可见世界的过程可以有以下几种通用的方法：

1. 理解问题所在。
2. 制定计划。
3. 执行计划。
4. 回顾你的作品，思考它对未来作品的可能影响。

这些简单的要点显示规划是一个探索发现的领域，向你揭示你自己的思维过程，帮助你从经验和反思中得到结果。规划的过程是学习去思考，获得信心，从作品中挖掘观点，并善于接受指导、结果和发展。

最成功的作品集作者会把时间主要用在分析阶段。在你开始干其他事之前，有两个重大问题需要回答：

- 作品集的受众是谁?
- 通过这个作品集，你希望对目标受众形成怎样的影响?

规划阶段的好处是可以为作品集提出一个同时覆盖你知识、能力和兴趣的广度和深度的概念或者构想。起点总是一样的：分析及定义作品集的目的和性质——换句话说，为你的目标和目标受众的总体需求确立足够多的信息，以让你能评定出作品集的可行性。不管你是在做你第一本还是第二十本作品集，良好的规划会保证这版作品集使用了合适的材料和构思，适用于目标受众。

2.1 了解自己

在开始准备你的作品集之前，你必须知道你的目标是什么。我们不能在连试图说什么做什么都不清楚的情况下就直接投入工作。为了真实地展示你是谁以及你如何思考（作品集的首要目的），你必须对你的价值观、兴趣、性格和动机具有良好的洞察力。当你知道你享受什么，什么能激发你的动力，你就可以制作出一本不言自明的作品集了，而不会夹有杂乱或者多余部分。

思考以下问题：

- 在你非常擅长的工作中有没有你热爱的事情?
- 什么样的主题、质量或者特色能形容你到现在为止的作品?
- 你想做怎样的工作?
- 你已经确定某个目标职业或者市场了吗?
- 你要申请研究生吗?
- 你想找实习吗?

2.2 确定受众

你可能早已决定了你想做的具体工作，并因此对目标受众以及作品集会给他们带来的影响有具体预期。我们将这种称为“针对型”作品集。但是也许你有不止一个目标。或者可能，你经过深思熟虑选择了通用的灵活性，以便与专注狭隘的特长反其道而行之，那么你将会作出一本“通用型”作品集。在针对型作品集和通用型作品集之间并无严格的界限。

在任意一种情况中——针对型的或者通用型的——你必须先给出你想接触的读者一系列的假设。这些假设要求你了解你的目标受众和他们的习惯：

- 你有什么创新点?
- 你期望受众在听到、看到作品集以后感受到什么?
- 你希望吸引谁的注意力，为什么?
- 你要怎样传达你的讯息?

作品集所表现的必须与未来雇主、读者和面试者正在寻找的才能相一致。记住，他们会非常迅速地做出判断。除了“看”作品集的内容之外，他们会被不可见的东西打动，比如技能、素养、本能、品位，以及作为个体的你。

将你设计的意图和目标以行动计划或陈述的形式列成大纲。总结你的目标，陈述你的主题，最好是只用一句话。即使你只能笼统地表达你的打算，没关系，把它们写下来。设计过程的本质就是你会在项目进程中不断发展和完善你的目标。清晰、简洁地陈述问题，记住“聚焦”这个词。

2.3 保存作品

你不断增加的原作必须防尘、防雨、防虫和防丢失。在实践层面，“保护”是指为你的特殊需要组织一套保存和检索系统。大部分损坏发生在作品集递交的过程中（比如传阅或者从一处运往另一处，特别是在很短的距离内）。做出最适合你的保存和检索系统的选择决定，需要考虑以下因素：

- 使用频率
- 使用方法
- 获取便捷
- 保护手段

复制和备份

要事先行，不管你的作品是数码的、打印的或者三维的，始终记得将原件备份。宁可小心过头些，也要复制所有东西。或者，让支出费用帮你决定重要程度的分级。想一想如果你不能缺少的东西损坏了或者丢失了会是什么情况。下面这些是复制作品的标准做法：

- 复印
- 摄像
- 数码摄像
- 数码扫描

应该尽快做好原作的多份复制品。文件可能丢失，纸张可能撕坏，模型可能散架，服务器可能崩溃。记住没有什么是永恒的，以及 CD 光盘的存储期限是十年。

如果你使用的是电子文件，建立定期做备份的程序。这样，你就可以恢复任何丢失或者损坏的文件，你也不用为全部重做作品花费时间和精力了。

图像文件类型

TIFF（标签图像文件格式）文件一般保持更多信息，JPEG（联合图像专家小组）文件通常更小并便于保存和转换。总体而言，TIFF 文件打印质量更好，而 JPEG 文件适合于屏幕显示。记住你作品集内容里的所有图像都必须有非常高的图片质量。

必须保证图像有光滑的边缘和高分辨率（dpi，每英寸点数）。你必须以一种标准版式（如美标信纸或者欧标 A4 大小），以及至少 300dpi 的高分辨率图像为目标。因此，当用 300 点分辨率扫描图像时，每平方英寸里有 90000 点或者比特电子信息。

记住，在计算机上制作设计和动画时，必须保存有原始品质的文件（线条、色调值和色彩）。

复印文件

为了匹配作品本身的优秀性，复制的专业品质是非常必要的。很可能需要找专业复印店，他们能用彩色激光打印机和彩色扫描来复制你的作品。

三维模型

模型（包括正式的和过程的）和草图只有很有限的保存期限，所以最好是你已经做了照片备份。如果你还没有这么做，现在可以开始了。

为你的三维模型做幻灯片、照片和数码图像是记录工作中最有挑战性和最消耗时间的部分。如果可以，使用你学校里的实验室，借用专业的灯光设施。为了取得最好效果，使用钳式反射镜和钨平衡摄像强光布景灯在室内摄像。在室外用自然光线拍摄也是可以的，但是更难控制效果。尽量通过强调你设计的优点来捕捉最好的视角——比如，拍摄有趣细节的特写。

组织表现方式和内容

考虑一下总的类型划分。选择和整理你的作品有很多种方法。类型会包括过程文件、手绘图、成图、电子工作文件、咨询图，以及分析图。以下大类划分可能会对你的作品整理有用：

- 时间表
- 尺寸
- 媒介
- 主题

CD 光盘和 USB 闪存技术极大地扩展了信息存储的可能性。CD 光盘是稳定而可靠的信息存储和传递介质。最重要的是，它是可调整的档案，可以根据具体方案的要求更新和定制。通过将幻灯片扫描到 CD-RW（可重写）光盘上去，你可以简单地在 CD-R（可写）光盘上存档你的作品。或者也可将作品拍成数码照片，直接存成图像文件存到 CD-R 光盘上。

标签和索引

文件名必须具体明确。制作作品索引是一个好习惯，这样作品一旦储存之后还能被找到。一套标准的收藏记录表格是检索作品的理想方法。确定记录你不同类型作品的最佳方法，并依此准备表格的样式。当你制定出了一张满意的表格时，将其打印或复印足够多份。

相互参照

卡片分类法的价值可能被低估，列出可能对你有用的类别。比如：

- 分析调研
- 技术特长
- 美学问题
- 计算机能力
- 概念思考能力

列完后，回顾你创建的这些类别，并为了保证快速获得作品作出必要的改进。为了方便快速存储和检索，保持类别少量、宽泛。在复制、编目、索引、存储的过程中，你会发现一堆对作品集没有实际用途的资料，你也会发现已经作废了的绘图、草图、旧调研材料和文件。清除掉它们，或者将其归入一个它们特有的类别：怀旧。

2.4 选择作品：确立作品集的主题

我们无法把关于自己的全部都展示给某个观众看，这是不可能的。所以我们必须对信息进行编辑，以切合所应对的情景。正如教学课本的作者必须对信息精挑细选，才能让读者理解要点而不会被信息淹没或者产生困惑，所以我们也要对信息精挑细选，让它们在作品集中展现我们的观点，也可以从积累相关能够表达你的想法或建立你的主题的材料开始。

这个重要阶段的目的是初步选出你作品集会包含的作品。规划阶段的价值在于迅速清晰地表达模型或者原型，这个模型或者原型让人将自己和自己的作品放在自己的智力和想象力的发展的背景中审视。大局优先，细节置后，要避免迷失在细节中。

为作品集寻找可以用来统一设计、排版和排序这些因素的控制性特色。在方案或目标说明中体现它，以保持作品选择的集中。你应该单独拎出能揭示你思维过程和个人创造性手法的作品。记住，你的作品集一定不只是分散碎片的集合，你需要从视觉和直觉感受出发，建立一套内在结构和一条叙述主线。作品集是个人表现的重要工具，因为它用图像同时展示了你阅历的方向和深度。它提供了问题解决的确凿证据，展现了对独家故事的记录。全身心投入到让你的想法能被迅速理解的工作中去吧。

是 / 否 / 也许

这个活动是一个可以迅速有效地将作品初步分类的方法，以决定作品集是否收录它们。此技巧是为了提高你的客观性，同时减少对作品的情感依恋，关键之处在于速度和直觉。

请一位朋友与你站开一定距离，每次手上拿一张你的作品。你必须假设自己具有挑剔的评论家那样的客观性，每看到一张就回答“是”，“否”或“也许”：

- “是”用来肯定有着强烈表现力的作品；无需解释或者辩护的作品；能迅速吸引人、在视觉上打动人的作品。如果你说了“是”，这张作品就放到要用的文件中。
- “否”包括了任何不能自明，和 / 或暴露你短处而非长处的作品。如果你说了“否”，这张作品直接放回原来储存的地方。
- “也许”包括了可能有吸引力的，但是不太必要的作品。“也许”文件中也包括了需要重新制模 / 重做以适合放入作品集的作品。完成第一轮评价后，“也许”的作品将参加第二轮是 / 否 / 也许的淘汰程序。

在这个活动中你希望挑出最能揭示你思维过程和个人创造性手法的作品。

2.5　评论之墙（the crit wall）

也许有 20 到 30 张作品的样品在是 / 否 / 也许的过程中脱颖而出。记住，你的作品集一定不只是分散的碎片的集合，现在可以从视觉和直觉感受出发，建立一套内在结构和一条叙述主线了。将文件摊放在桌子或地板上，这样操作起来可能会更方便。不管你用哪种方法，先试图给文件分堆或分组。寻找可以用来统一设计、排版和排序概念的控制性特色。

头脑风暴是一个快速而多用的技巧，能够产生多种多样的点子和信息。这个方法可以用在这里，当然也可以用在规划、设计和制作过程中的任一阶段。请一位朋友或者老师（最好是有相关知识或者经验的人）一起参与。不一定要对头脑风暴有现成经验。按照以下规则来做：

- 清晰简洁地说出问题所在。
- 努力营造轻松、有创造氛围的讨论环境。
- 定下时间限制，不要太长，30 ~ 60 分钟。
- 在规定时间内生产出尽量多的想法：点子越多，找到有用点子的机会越多。
- 不要在实践层面评论或者分析这些想法：回答必须是自发的、不受拘束的。
- 自由地合并或者发展想法。

定下记录想法的途径（比如，黑板、长卷图纸，或者分散的卡片）。可以用多种手段（关系网络，泡泡图，流程图）来展示设计问题中元素间的空间或者其他关系。使用缩略图作为过渡来尝试排版，以及模拟所有可能会用到的因素和变量，切勿强行画出完备的版本，结果却迷失在细节中。

现在，拿出一些——四张或者五张——最好的缩略图，以它们为基础画出更大的草图。把它们放大到笔记本页面大小或者铺满整张纸。但是，把数量限制在几张里。不要将你所有的缩略图都拿来这样做，只拿那些有潜力的。在放大的尺寸里探索你的想法，画出更多细节的草图，以便为所打算的分组以及分组与概念方案的关系找到灵感。将细节处理留到接下来的“设计与制作”两个步骤中去。

2.6 案例研究

规划作品集的过程可以在复杂度和使用语言、正式程度、可适应性、预期目标和实用程度方面大相径庭。但是,其内在规则是相似的:它应该是一个有序而完整的过程,每个系统部件都与设计师的意图相吻合。

推敲想法的过程常常不是线性的，而且在每个阶段都离不开沟通和反馈。在把规划想法逐步变为现实的过程中极易进行修改调整，这是其固有而重要的特性。在季米特里斯·阿吉罗斯（Dimitris Argyros）、简·林克尼格（Jan Leenknegt），丽贝卡·卢瑟（Rebecca Luther）、安娜·玛丽亚·雷斯·格斯·蒙泰罗（Ana Maria Reisde Goes Monteiro）、珍妮弗·西尔伯特（Jennifer Silbert）和丹尼尔·J·沃尔夫（Daniel J. Wolfe）的作品中，他们探索解决设计问题的目标与方法的过程是高度个性化的，我们也可以从中找到相互之间的联系和对比，规划的方法是丰富多彩的，正如以下案例将它们清晰展示的那样。

案例研究 1

季米特里斯·阿吉罗斯将速写本当做记录自我的直觉和理性质询的工具。这种无框架的自由环境和自我记录的动态过程孕育了物质空间的探索和设计能力。速写本并不是有固定期限或读者的完整作品。阿吉罗斯这种方法的目的是在尽量不打断连续性的情况下，给予作品集直接的牵引，速写本其实是建筑的物质与精神层面在较小尺度上的重现。

案例研究 2

简·林克尼格借用了迈克·左金（Michel Sorkin）宣言的结构来组织作品集里的课程方案和项目文件。林克尼格通过将独立的构想有主题性地组织起来，获得有发展力的新联系，创造了新的可能性。

案例研究 3

丽贝卡·卢瑟以短篇故事集（自传散文）作为她作品集的概念。她刻意将作品集设计成三种媒介格式，这灵活的作品集能适应不同的读者。

案例研究 4

安娜·玛利亚·雷斯·格斯·蒙泰罗考虑了在整个设计过程中，定时进行系统性整理记录的可能性。概念上的断章以标准配色中的特定颜色连接起来。这些颜色不仅在功能上有导航作用，而且是设计者情绪的清晰、简洁、有力的表达，是其作品集设计的核心。

案例研究 5

珍妮弗·西尔伯特的图表性的页面排版是她设计中物理和技术研究的延伸。分析、统计，预测和规定以理性的网络组织起来。

案例研究 6

丹尼尔·J·沃尔夫认为他的作品集是一种由连接和关系组成的结构，其最终目的是接触到读者，而读者又能帮助作品集未来进一步发展进化。最初的结构是几何的、理性的，但是如果需要就能（自由地）无限重组。

季米特里斯·阿吉罗斯
（Dimitris Argyros）

策略

客观平淡的 CAD 图一般来说是学生作品集的基本组成，而将速写本作为作品集的概念跳出了这种做法。这样学生可以通过定期记录和加工作品来推进方案，而不是在学年末在电脑上用好看的文字、图片和标志把方案装扮起来。工作是在 A3 白卡纸的册子上记录的，同时也需要册子之外的工作配合，运用电脑绘图以及打印、裁剪、粘贴、折叠、撕裂等传统手工方法。我们的构想是，如果你把一个东西剪切了，粘上了，写上了标签，你就不能再回去"改进"它了。更重要的是，在这个不仅需要视觉，而且需要所有感官功能来同时整合设计和记录的过程中，速写本变成设计师手的延伸。

因此这本速写本担任着三种角色：

- 记录和处理场地信息、项目调研和速写本之外做的重要工作。
- 通过不同的媒介（如草图、文字、图片拼贴、折叠模型、图样）发展设计，进一步处理模型和图纸的存档。
- 细致地针对任何可能的外部评价讲述方案概念、设计参数、设计步骤。

制作

在新年开始时就可以设下基本的排版框架，不过可以根据尺寸要求和直觉调整排版。版式让选择和编辑过程变得容易、直接，最重要的是变得愉快。在速写本上和之外的作品都应该被迅速、有条不紊地记录、标记。直觉和感性反应是很重要的。视觉感官是设计师思考过程和观看者阅读理解的关键，所以拼贴图、分析图、草图、平立剖、照片和剪影相片都是非常重要的工具。然而，其他感官也同样重要。翻动、打开、触摸作品集的页面，设计师和观看者都能更深入地探索和理解方案。页面可以做出擦花效果，或者嵌入场地泥土；可以描述建筑物的声音或者节奏属性。

协调好个人设计日志和冷静客观的设计描述之间的平衡是作品集成功的关键，这是个渐进的过程。有些页面对设计概念来说很重要，而有些对设计说明来说很重要。当作品集需要对他人讲述故事时，不太出效果或者不太重要的页面就可以直接被剪去了。其他对设计思想比较关键的页面可以临时用便签条标记。在一些情况下，可以在册子里加入A0的折叠页，选择是无穷无尽的。

建议

- 信任方案的概念，而非装饰它的图像。
- 试试所有可行的表达方式。设计过程不是为了读者，甚至不是为了他人的评论，而只是为了设计概念和方案发展。
- 文字和标签应该是小而排列齐整的，让图和设计过程自己说话。
- 保持整洁，不用电脑不意味着一本脏乱的作品集。
- 如果你很急，没有时间加文字和标签，标出那些页面，稍后再回来处理。
- 找到自由而随性和序列而条理之间的平衡。
- 记住，作品集是你自身的反映，所以要保证你用所希望的方法向他人充分表达你的作品和你自己。

以速写本作为作品集

客观平淡的 CAD 图一般来说是大部分设计方案的发展和表现手法，而将速写本作为作品集的概念逃脱了这种做法。这样，我们就可以通过定期记录和加工作品来推进方案，而不是到了年末在电脑上用好看的文字、图片和标志把方案装扮起来。作品集担当以下三种角色：

用于记录的速写本

作为一本非正规排版的档案日志，这本书对保存调研资料、记录设计过程来说都是一个快捷轻松的方法。设计者可以在学年开始时设定一种排版格式，不过可以根据尺寸要求和直觉调整。使用打印或者手写来给作品加上注解，这对设计本身和对观众的解释都很重要。

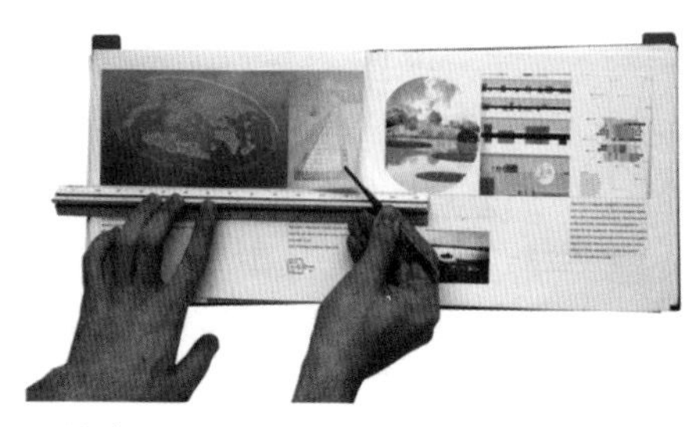

归档参考资料和已有案例

草图 / 手绘概念

用于设计的速写本

作为一种设计工具，速写本成为了设计师手的延伸。厚绘图纸可以画草图，也可以剪切、折叠、粘贴成拼贴画、浮雕活页甚至是模型。这些更传统的技术可以和常规的计算机辅助设计工具混合使用，为设计师项目过程和表达加上更个性化的“风味”。

拼贴和蒙太奇

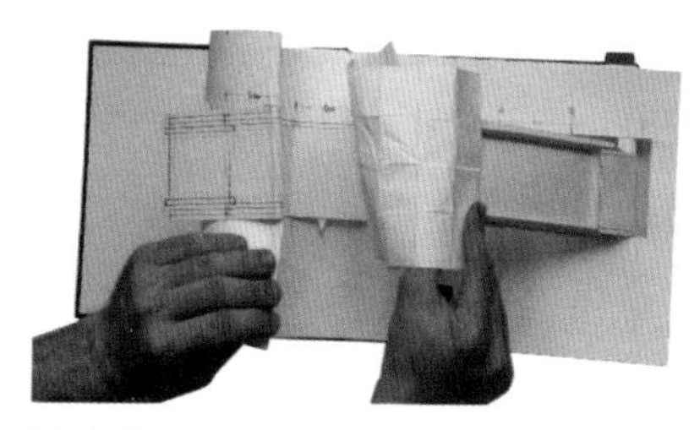

浮雕法研究

用于叙述的速写本

作为一本用于向外人讲述故事的作品集，这本速写本在叙述者和聆听者之间产生了直接的关系。读者通过亲身互动进入到了书中，包括转动、闭合、打开、牵动页面这些动作。因为可以自己选择尺寸，裁剪和高亮页面也都很容易，所以这样的作品集可以让读者自己决定节奏的快慢。

活页和页面可以分发给观众

叙述能吸引很多观众

作品集“马上的卢克斯”（A3）

这是一种对环境友好的交通系统，使用了卢克斯产的马和马车。它试图缓解卢克斯市中心的交通拥堵，解决土地剥夺的问题和恶劣的马匹饲养问题，方案还提出了新的交通中心设想。

为了保护卢克斯有限的土壤，位于城市和农业带之间的边界的交通中心，被设计成高密度居住塔的集合网络的形态，用单轨铁路和起伏的地景相互联系。

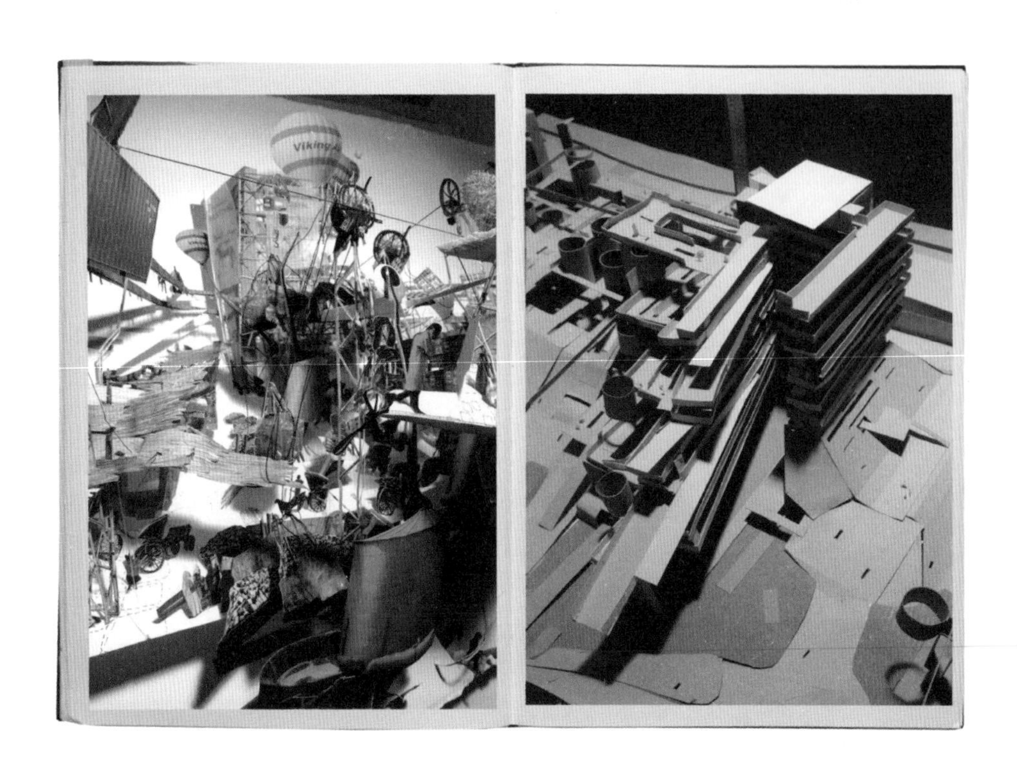

马匹居住塔试图给马儿们重新创造自然的环境，提供睡觉、进食的美妙环境，它们是结合了新技术和当地技术的建构物，由当地人建造而成。

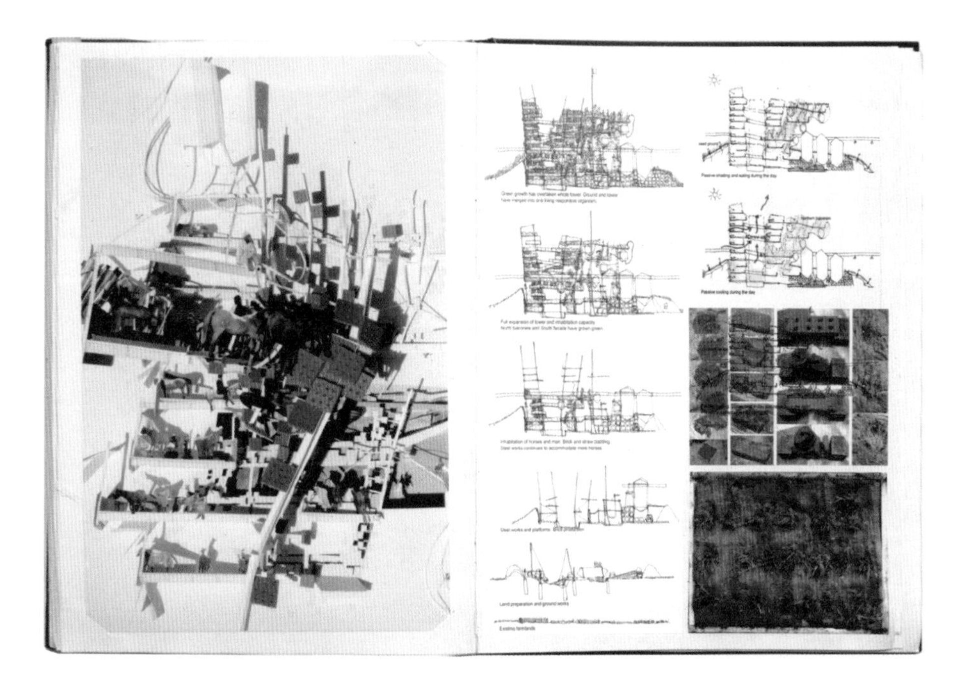

一种可持续的粪土砖将食物和废物、原始材料和马的居住行为这个流程联系了起来，它们可以用作独立的干燥立面以及可持续的绿色感应立面，不用外加水或泥土。

透视模型的最终效果

剖面模型的最终效果

简・林克尼格
(Jan Leenknegt)

1. 你在制作自己作品集的过程中有学习或者采用其他资源吗，它们是哪些？

我的作品集是以麦克・左金的《城市设计十一项任务》(2004) (Michael Sorkin，*Eleven Tasks for Urban Design*) 的文本为基础的。我喜欢这本书如宣言一般的清晰，因为它与我在三学期的城市设计项目中经历的自由讨论形成了鲜明的对比。在我作品集的第一页介绍上，我解释了这个参考范本，并借此向读者们介绍了作品集的框架和组织结构，内容如下：

在2002年3月，安德鲁・康（Andrea Kahn）和玛格丽特・克劳福德（Margaret Crawford）组织了一场题为"城市设计：实践，教学，前提"的会议。当我为即将开始的哥伦比亚大学城市设计硕士项目收拾包裹、做准备工作时，八个北美城市设计项目的负责人举行了一个聚会，评估了三十年来的城市设计教育。在那个会议上，麦克・左金发表了它的《城市设计十一项任务》演讲，这个全新而时髦的宣言勾勒出了城市设计是怎样"在建筑和规划间空缺的裂缝中"改变世界的。我决定用左金的十一项职能来作为作品集的框架。在这之后的每一页表现了十一项任务的其中之一。左金的标题和宣言文字在顶端，我的作品和文字在中间，附加的课程作业在底端。所以我在这三个工作坊中做的作品不是以时间顺序而是以主题来排列的。

作品集共11页，每个任务一页，以及一页介绍页，形成了12页报纸式的页面，刚好符合SOM基金的严格要求。

2. 你是怎么安排你的制作时间和成本的？

我是利用毕业后和SOM基金截稿日之间的空隙做的作品集，也就是一周稍多的时间。在被选为参加SOM基金比赛的哥伦比亚大学代表之后，学院给了我300美元来做作品集（像比赛章程里写的那样）。我用这笔钱给每个任务做了一块真正的宣言板。

3. 你制作作品集花了多长时间？

四个整天。

4. 你在制作作品集时向别人求助吗?

除了一位帮我精细制作活页装订的朋友，没有别人参与作品集的制作。

5. 你是否必须为 SOM 基金的申请提交一份目的陈诉? 你作品集的设计与你的陈诉相关吗?

我不需要提交目的陈诉。不过，因为这个奖是为旅行设置的，SOM 基金的参赛者必须提交一份旅行计划，在另一张纸（第 13 页）上。旅行计划与作品集没有直接关系（不是十一项任务之一），但是它仍然遵循了同样的图面语言（字体、页码、间距）。在作品集 “Secure the Edge” 页的底端，我明确地提到了旅行计划。

6. 你过去的作品集与提交给 SOM 基金的作品集有什么不同?

这是我第一次主题化地而非完全按时间顺序来组织作品。SOM 对作品集的基本要求——只能选用城市设计硕士项目里的作品——让我能够选择紧凑的概念框架，也就是左金的十一项任务。需要提到的一点是，通过重新以主题形式组织我的设计项目和课程作业，我对我自己的作品有了新的见解。通过试图在一年的集中学习里去找到（非）连续性、共通点、主题性，我对过去十二个月里近在眼前、完全投入的工作有了一个远观的机会。而过去（更保守的）作品集只是又重新做了一遍已经做过好多次的表现而已。

7. 你会为不同的功用去调整作品集吗，还是对每个潜在客户都用一种表达方法，说，“这就是我”?

到现在为止，我还没有将不同 “设计时期” 的作品集重新调整风格做成一本集中的作品集。不同时间段的作品是用不同的风格表现的，也就是它们本来的表现方式。

"There is simply no substitute for the physical spaces of public assembly. Increasingly imperiled by commercialization, electronification, criminality, and neglect, both the idea and the forms of gathering are a central subject for the imagination of urban design. Public space is the lever by which urban design works on the city, by which the subtle relations of public and private are nourished. A fixation on the media of production of these spaces has overcome any passion for their quality, even as a Nielseneque resignation stupidly celebrates any gathering, however it is induced. Urban design must keep Giants' Stadium from annihilating Washington Square even as it seeks all the alternatives inbetween. The Internet is great but it ain't the Piazza Navona: free association and chance encounter still demand the meeting of bodies in space. Embodiment is the condition of accident and accident is a motor of democracy."

07
make public places

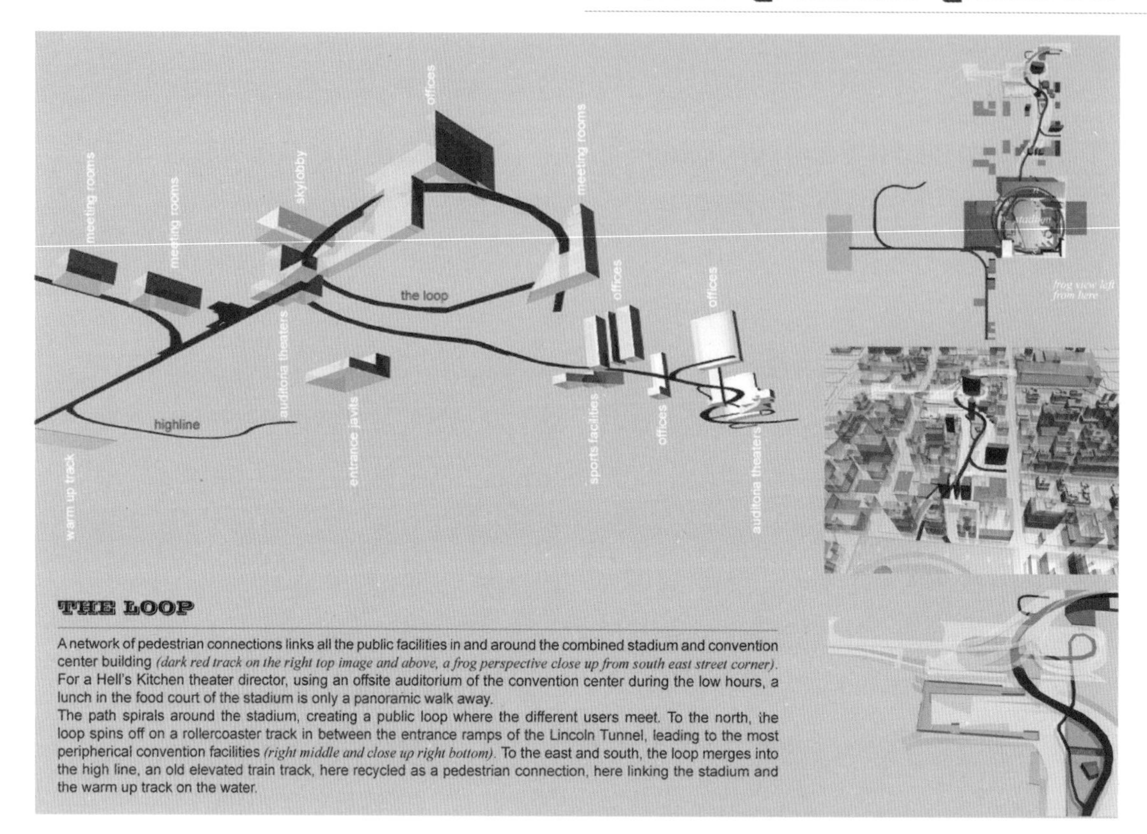

THE LOOP

A network of pedestrian connections links all the public facilities in and around the combined stadium and convention center building *(dark red track on the right top image and above, a frog perspective close up from south east street corner)*. For a Hell's Kitchen theater director, using an offsite auditorium of the convention center during the low hours, a lunch in the food court of the stadium is only a panoramic walk away.
The path spirals around the stadium, creating a public loop where the different users meet. To the north, the loop spins off on a rollercoaster track in between the entrance ramps of the Lincoln Tunnel, leading to the most peripherical convention facilities *(right middle and close up right bottom)*. To the east and south, the loop merges into the high line, an old elevated train track, here recycled as a pedestrian connection, here linking the stadium and the warm up track on the water.

AND 2 PLATFORMS

On the street level, two platforms perform as people collectors, especially useful for major stadium events. One platform *(dark red)*, slightly below street level, functions as a distribution slab between the parking levels, the train platforms of Penn Station, and a ceremonial space to the east. From the second platform *(orange)*, slightly above street level, elevators take the visitors to the stadium, to the convention spaces, to the loop.

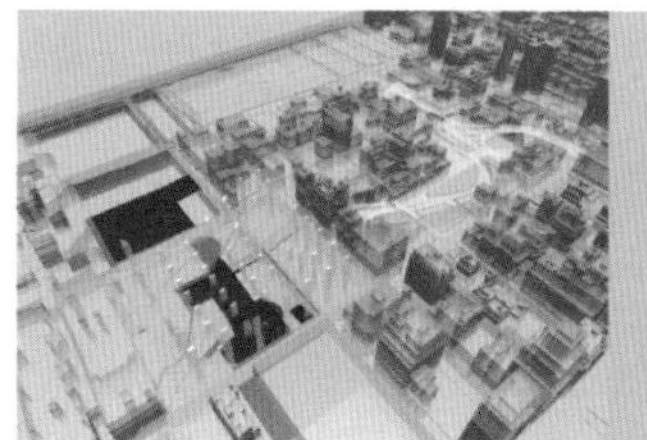

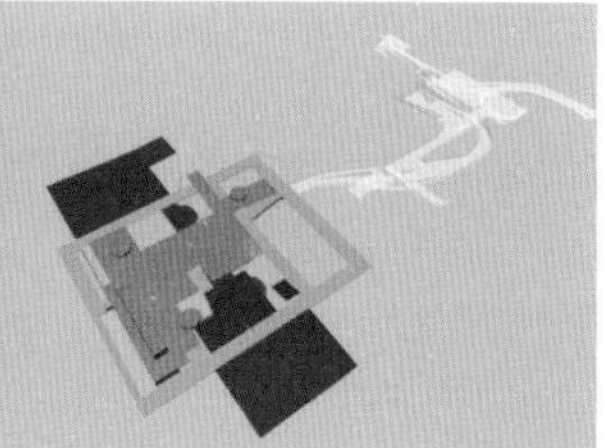

The project for Bangkok proposes vast detention areas around emerging subcenters. Water management and agriculture are definately the primary role of those areas, but still they can be crossed and visited in multiple directions. Fruit tree plantations alternate with recreational areas. We considered Parco Agricolo Sud Milano *(images to the right)* as a good example.

A similar strategy for Saw Mill Landfill Park. Rather than being a main attraction in the New York metropolitan area, this park should keep the wild, adventurous and mute character of the closed landfills. *(see "defend privacy" for design proposals addressing this "limited accessibility")*

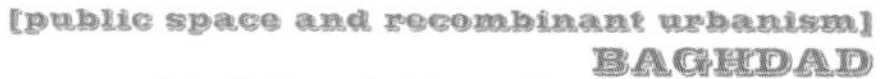

BAGHDAD

a study of patterns of public space throughout Baghdad's history

THE HIGH LINE

A three minute documentary about a 1.8 mile long abandoned elevated train infrastructure between downtown and midtown Manhattan. Currently under debate whether to destroy or to transform to an elevated walkway.

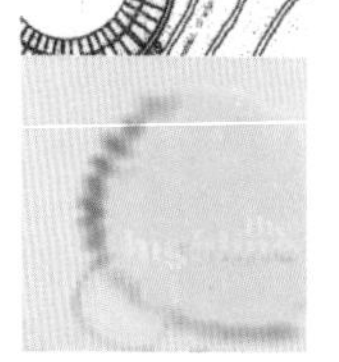

"It's time for a radical shift toward human locomotion in cities. The automobile is not simply a doomed technology in its current form; it has proved fundamentally inimical to urban density. Enforcing the hydra of attenuation and congestion, the car usurps the spaces of production and health, of circulation and enjoyment, of greenery, of safety. Fitted to the bodies of cities which could never have anticipated it, the car is a disaster in town. We cannot again repeat the mistake of retrofitting the city with a technology that doesn't love it, with railway cutting or freeways. Cars must lose their priority, yielding both to the absolute privilege of pedestrians and to something else as well, something that cannot yet be described, to a skein of movement each city contours to itself. This may well involve various forms of mechanical (or biological) technology but urban design – in considering the matter – should reject the mentality of available choices and formulate rational bases for fresh desires. If we can't even describe the characteristics of superb urban transport (invisible? silent? small? leisurely? mobile in three axes? friendly?), this is because we haven't taken the trouble to really imagine it."

08 elaborate movement

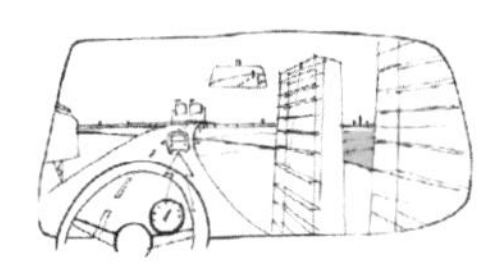

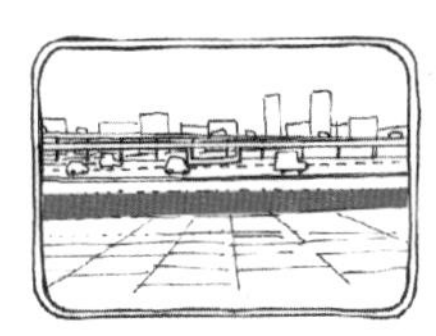
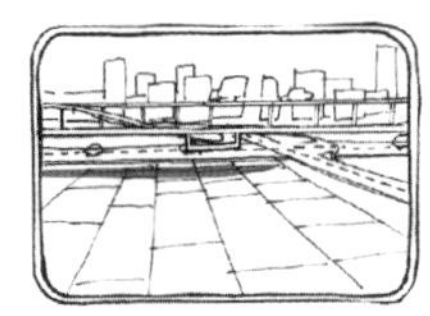
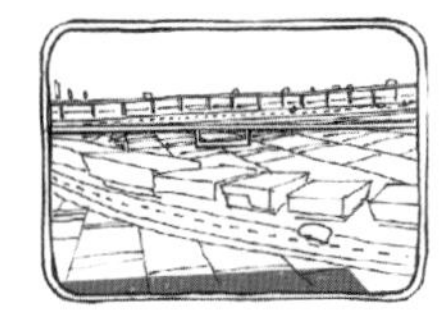
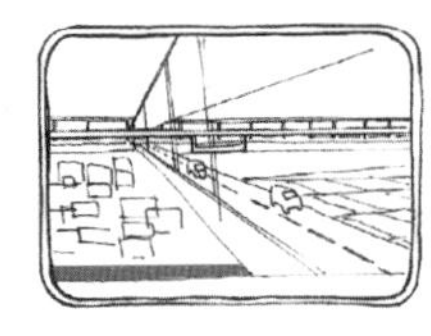
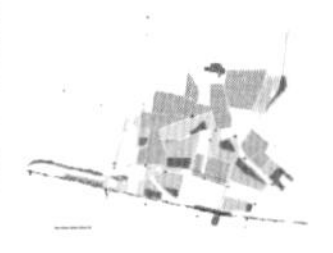

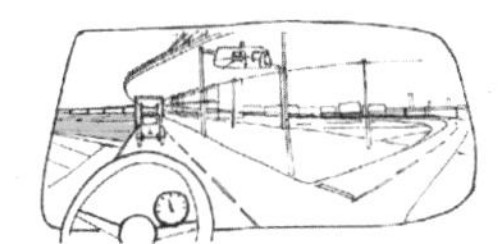

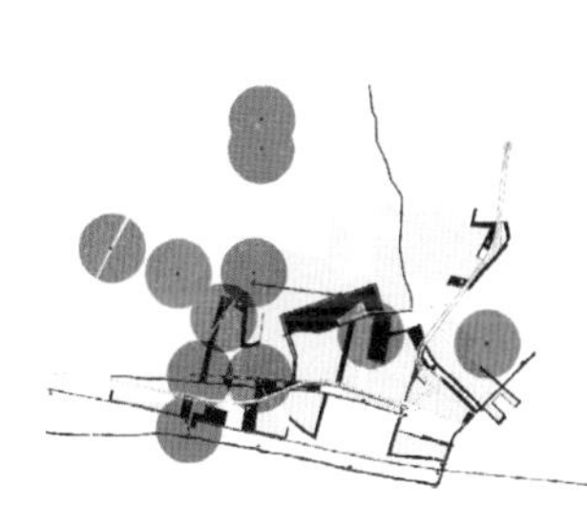

CROSSING THE DETENTION LANDSCAPE

With the clay excavated from the detention ponds, certain areas which are or will be served directly by subway, canals and through roads are elevated. Those plateaus will attract dense development. The diagram to the far left shows the plateaus (black) together with the 500m radius around both orange and blue subway line stops.

Dotted with boat taxi stops, subway stops and highway accesses, each plateau has a different accessibility profile and will attract a specific type of development. An example to the left (legend is the same as the map of "be sure rooms have views").

The drawings show sequences of how the project area can be crossed by car, train and foot, each time focusing on another element of the detention landscape.

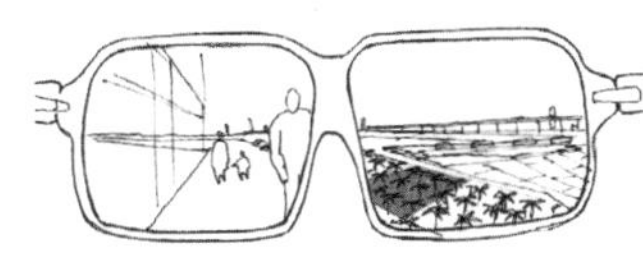
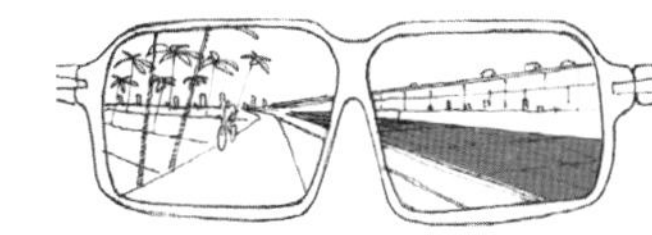

TRAVEL TO NEW JERSEY

Whenever Robert Sullivan has a free afternoon, he travels from his Manhattan office to the jungle behind the Palissades and climbs Snake Hill, the only natural hill in the Meadowlands. Marc Ribot knows there are buses and trains to his hills of New Jersey, but "somehow he just can't go". Up to today, the Headquarters of the Meadowlands Commission (and thus the starting point of the majority of the walking trails) are only accessible by car. By linking the perimeter of the park to the New Jersey coastline lightrail and by making intermodal train-boat-walkway connections, I believe that the bits and pieces of the landfill park, cut apart by the crossing highways and freight train tracks, could achieve a first unity. Besides linking the closed landfills to the rest of the world.

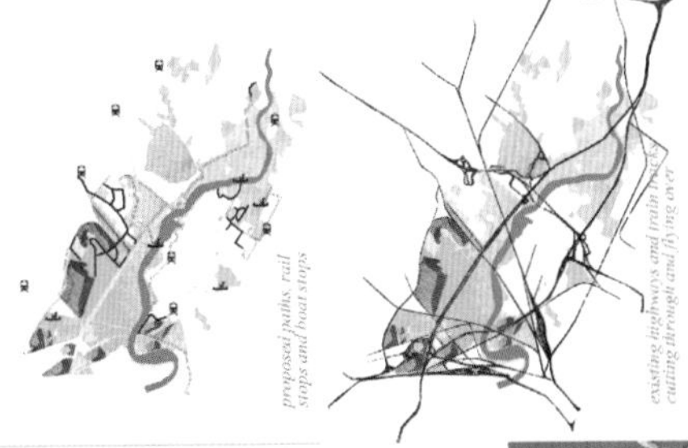

[future for manhattan's westside waterfront] AFTER OLYMPICS

The subways on 8th avenue are way too far away to induce the desired activity on the Westside waterfront. Subway extensions are expensive. Our mobility framework focuses on an intensified ferry system (a circumnavigational vaporetto with several crosshudson services), closely interwoven with a crosstown lightrail system (vision42 deluxe) and pedestrian connections.

丽贝卡·卢瑟
（Rebecca Luther）

策略

我的作品集是一本有思想性的短篇故事集。每个短篇故事都独立地讲述了一个方案的时代和地理背景以及在那时采取的特定的建筑设计过程。所有短篇又集合成跨越过去十五年的长篇叙事。这篇总集叙事性地展示了贯穿各个方案的共同线索，也是一种对自我反思非常有用的方式。

从词源学上来说，作品集是一套可以携带的个人作品活页集（意大利语中的 portafoglio 由拉丁文中表示携带的 portare 和表示页或者张的 folium 组成）。在我自己的作品集设计过程中，我对单体方案的故事（散装活页）和合集（装订起的活页）做了明确的区分。单体故事是当时的快照记录，每一个方案的内容和组织也相对一致，而它们的合集却是不断变化的。我常常重新构想材料的选取，再表达，以及这些故事意图表达的中心思想；这些新构想往往发生在获得新的灵感后，或者是出现了新的读者群体时，或是随着我个人兴趣在作品集中的不断延续和发展。

为了最好地将作品传达给不同的目标人群（从好奇的建筑学新生，到忙碌的客户，再到自身反省），我规定我现在的作品集要承担三种职能：1）它必须是含有我个人方案故事的诱人活页的“样品”；2）它必须在电子媒介上看起来清晰、比例优美；3）它必须是一本包含了我过去作品和当下思想的可携带的装订品，涵盖了书签、剪报、数字媒体和笔记。

制作

因为这一本作品集的多功能特性，我需要它能快速有效地组织、编辑、打印并制作完成。它必须能折叠、展开、翻页、卷拢。像一本用旧了的旅行杂志，它应该能被舒服地拿在手上。虽然我原始的绘图、模型和建成项目规模相当大，但是我的作品集相当小。它抓取了会议室墙上画的方案的本质要点，将它们转移到手掌之中。这样，我可以将作品全部收集进一个可以携带的、可以再生产的媒介中，这个媒介人性化、易获取，并且一看就能读懂。

在我对自己施加的多目标人群的要求下，我现在的作品集有三种不同的制作版本：1）用于推广的邮寄版本；2）适于笔记本电脑观看的版本；3）装订的杂志版本。所有的版本都以精细的（扫描或者摄制的）图片开始，仔细地归档，存成电子文件。方案的故事，或者跨页设计的排版布局，是我作品集的核心。虽然其基本结构保持固定，不过为了适应三种版本总是需要有所改动：在作品集的跨页版式设计中我结合使用手绘卡通草图和排版软件。

建议

我有一些要求学生牢记的作品集设计规则。这包括一些被尝试和验证过的妙计，比如“使用多种尺度来创造微观/宏观感受”以及“在跨页中创造动感”。不过，我发现我的终极法则才是最有用的：“所有规则都是用来打破的，所以请相信你自己的眼睛，跟随你的内心。”

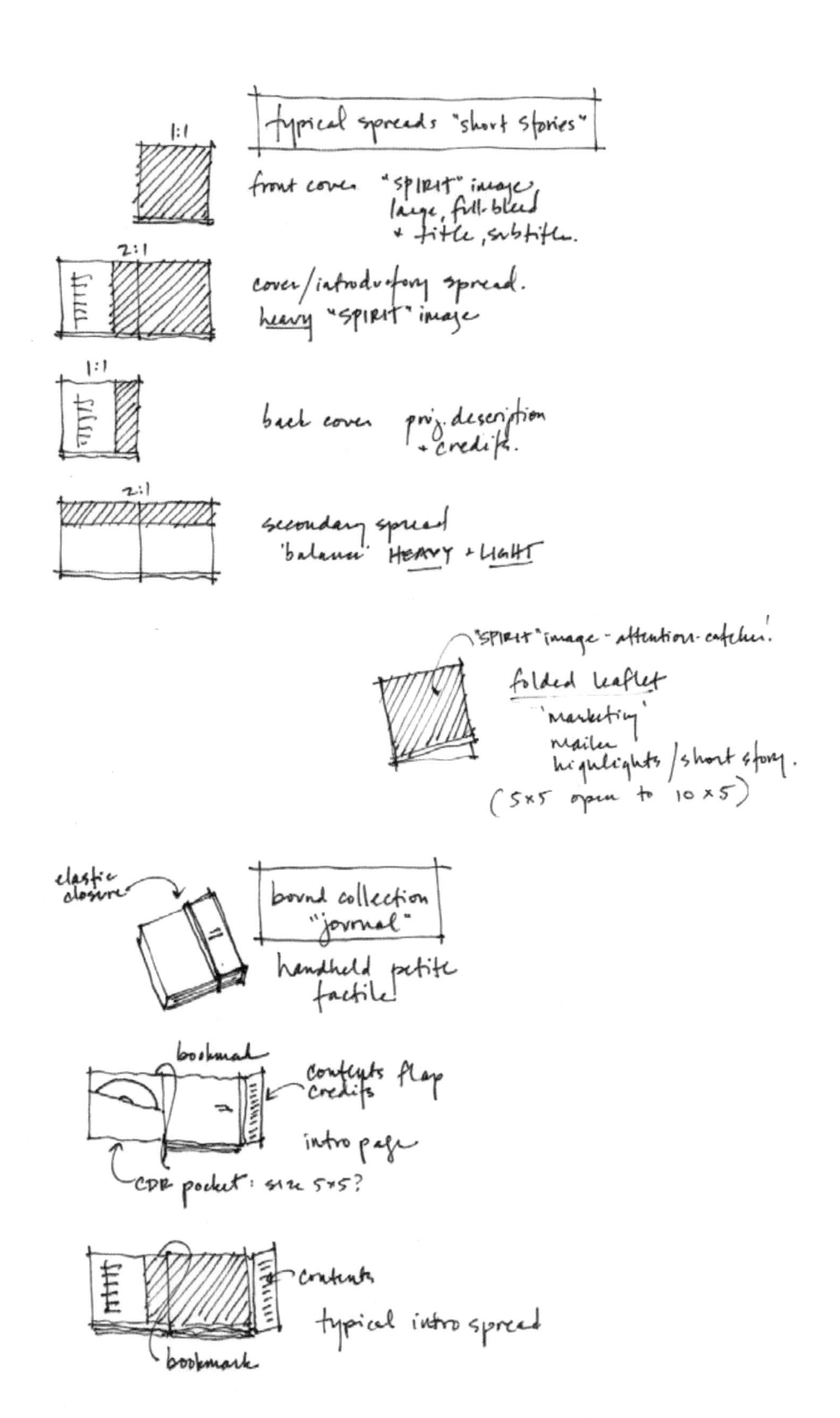
typical spreads "short stories"
1:1
front cover "SPIRIT" image, large, full-bleed + title, subtitle.
2:1
cover/introductory spread. heavy "SPIRIT" image
1:1
back cover proj. description + credits.
2:1
secondary spread 'balance' HEAVY + LIGHT
"SPIRIT" image - attention-catcher!
folded leaflet
'marketing' mailer highlights / short story.
(5×5 open to 10×5)
elastic closure
bound collection "journal"
handheld petite tactile!
bookmark
contents flap credits
intro page
CDR pocket: size 5×5?
contents
typical intro spread
bookmark

丽贝卡·卢瑟

作为故事讲述者的作品集

一个故事；三种看法

这里的挑战是设计一个双面的跨页，同时能为三种类型的观众，或说是阅读者抓住故事的要点。页面尺寸、比例布置、图面排版和信息位置必须在三种作品集格式里都合适。

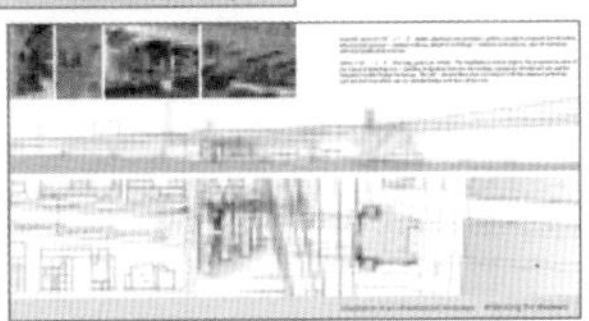

1. 投递到市场的信件版本

独立的10英寸宽 ×5英寸高，双面跨页的方案故事，打印在原纸上并对半折成5英寸见方的活页。开篇跨页成为其封面，正面是满页出血的“核心思想”图，背面是方案介绍。里面则含有次级跨页，这个版本是用来免费散发的，或者用5英寸见方的半透明信封寄出去。

2. 适于笔记本电脑观看的版本

含有一系列个人作品集的pdf文件。跨页的2 ：1比例让电脑显示时能清晰地看见软件的工具栏。

3. 装订的杂志版本

一本5英寸宽 ×5英寸高 ×1英寸厚的精装书册，并用一个折叠封套和松紧皮带保护起来。从口袋旅行杂志得到灵感，硬纸板的书套封面里面做了书签和夹袋（以备可能出现的电子媒介和新闻剪报），在封套的内折页上印着目录。

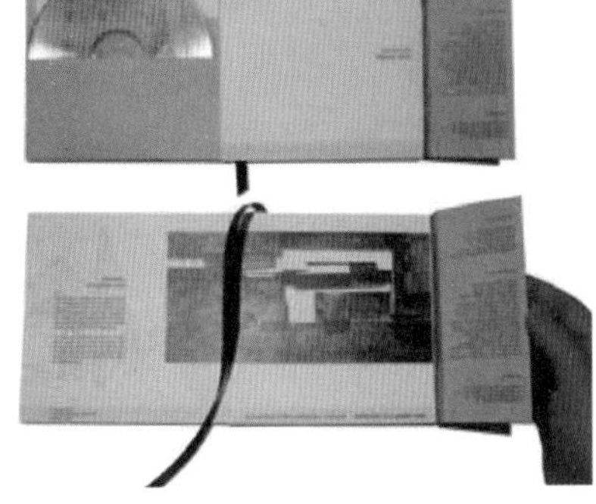

对页：

来自我笔记本的摘录

丽贝卡·卢瑟

方案故事详细页

开篇跨页，
装订版本 + 电子版本

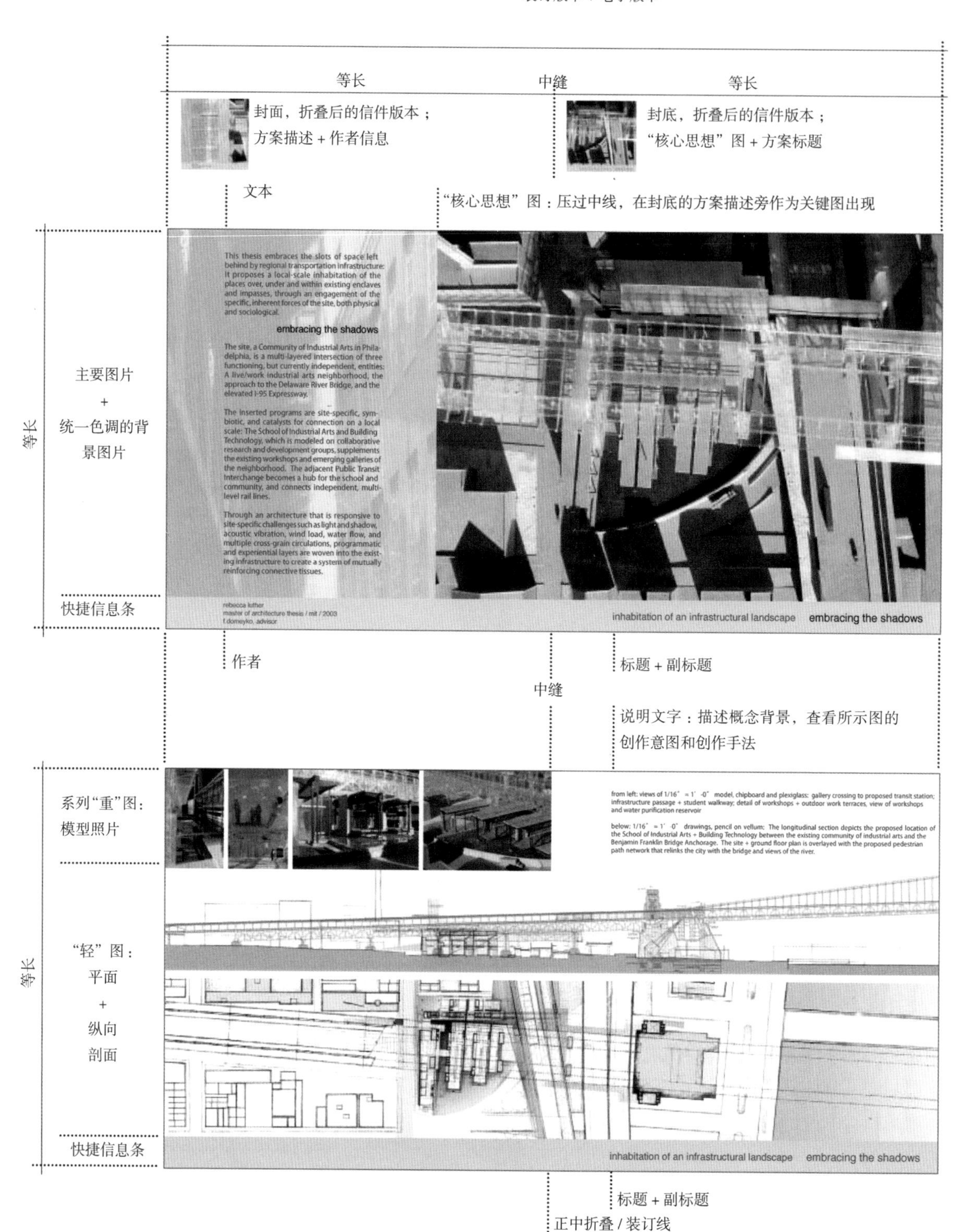

开篇跨页

每个方案故事都以开篇跨页开始，这个跨页在折叠活页版本里也是封面。跨页上是一张满页出血的抓住方案中心思想的大图，配以降低饱和度的背景图片以及方案标题、作者信息和描述文字。

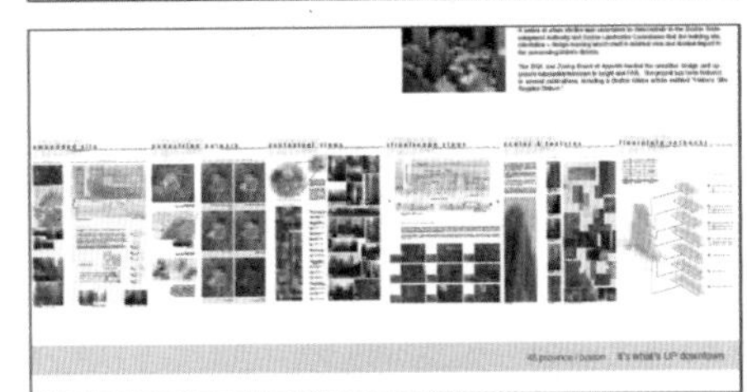

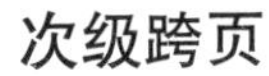

次级跨页

方案有一到五张次级跨页。这些跨页一般以方案的地理、文化和社会分析开始。它们也包括了精选的草图和工作模型，记录着方案信息的常规平立剖、透视图、以及建成照片。

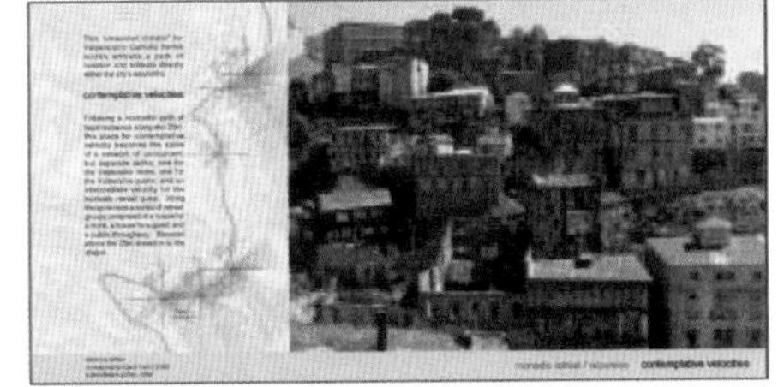

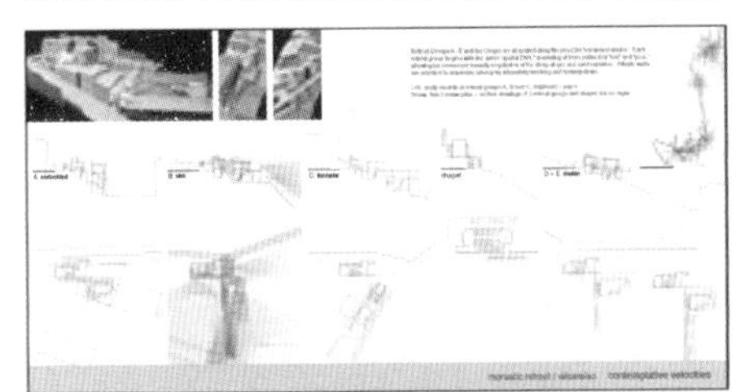

动感和节奏

每个跨页都设计为一种“重”和“轻”图的动态平衡，来给故事增加动感和节奏。在更大的层面上，这种“重”+“轻”的节奏在整个作品集的连续翻阅中不断重现（如右所示）。这种节奏为作品集的三个版本——折叠活页、电子文件、可翻页的装订杂志——都提供了动态阅读体验。

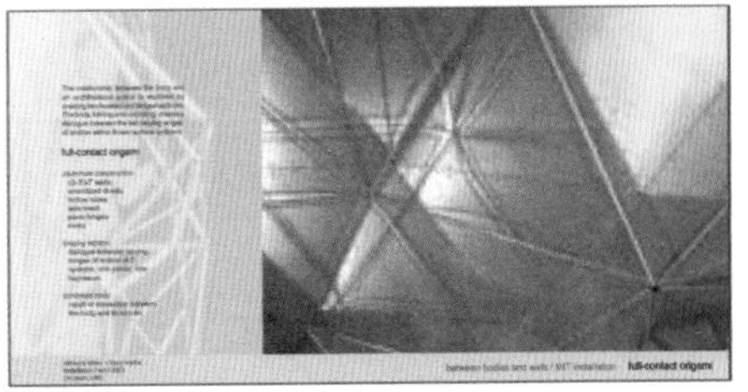

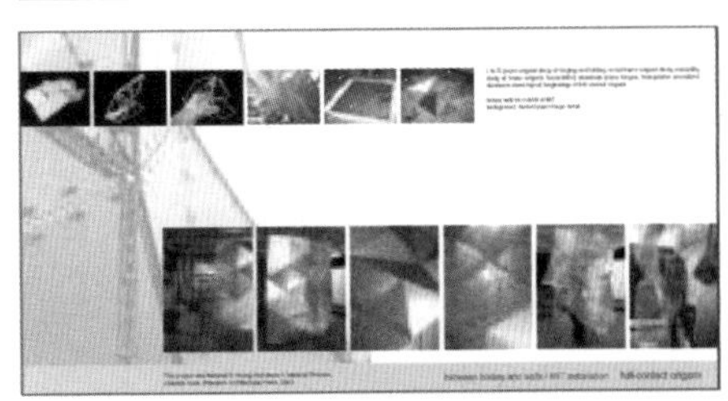

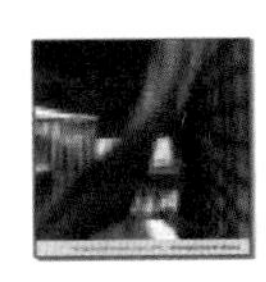

右图：一系列跨页，旁边配有折叠活页的封面小图

对页：典型开篇跨页和次级跨页版式的详图

安娜·玛利亚·雷斯·格斯·蒙泰罗（Ana Maria Reis de Goes Monteiro）

策略

制作作品集与建筑职业人士的工作系统化紧密相连。但是，建筑系学生将一件作品的过程系统化记录的工作也可以看作是作品集的一种，因为这其中体现了方案的形成过程。学生制作作品集的过程展示了他们的需求和潜力，而这对老师来说是极宝贵的估量学生个人能力的工具。同时，它也对学生们的学习有所帮助。

在工作中，学生们一般要发展他们反思、批判、创造和独立工作的能力。反思对于组织思考是非常必要的，而只有这样，才能促进批判性思维的形成。要成为独一无二的个体，又要求自身独立性得到充分的发展。这些能力的发展对自我认同的形成起着决定性的作用。

制作

制作作品集有多种方法。为了整合对建筑方案的流程记录，同时还要表达出引导其建筑概念的理论研究，学生们需要做多种的调研。草图、照片、实体和电子模型等不同表达方式的材料需要整合到一起，我们把集中了这些材料的册子叫方案集。在研究的过程中要准备多本方案集，以方便开展以下工作：评估出方案设想与采用的方法论；制定出能最好地表达方案的图面指导原则；协调出统一安排想法和主题的方法。这个过程会同时用到初设草图或模型以及传统设计方法，用手绘、手工或者使用电脑。

整理总结方案集的准备工作是很重要的，因为它建立在对整个过程或者说对预期目标有整体理解的基础上。方案集的内容需要相互照应，并且统一在一个大框架下。方案集拥有良好结构的前提条件是对图表的正确选择。

在我们看来，方案集的组织是关键要点之一，因为我们不仅可以通过它寻求方案的目标和初始设想，作品集也必须借此清晰地表达方案的过程。作品集是由图片、照片、电子模型组成的，也有解释性的论述。事实证明论述文字的准备常常要比图像更费工作量。因为建筑师会一直努力改进作品集，所以文字往往会被修订无数次。

建议

方案集或者作品集的准备对学生来说是个特别的事情，因为借此学生可以对自己作品进行自我评价和反思。作品集应该能清晰地表达方案的过程，包括它的概念和参考方案。良好的文字叙述是很重要的，但是表现图、草图和分析图往往不言自明。所以，知晓如何运用多种媒介和计算机程序很重要，同时这是个性化的表达。因此，在工作方法和组织方式之外，作品集还需要创意，需要映射出作者的个性。

Sumário

Sumário

Área de estudo

Pessoas a quem se destina o projeto

Estratégias de projeto

建筑学学生完成某个方案过程中的记录可以整合成方案集或者作品集的形式，这里的目标是方案过程的记录，但是这也是一种对已完成方案的展示方式。

为了让观者能充分地理解方案目标和方案过程，作品集的结构和展示的质量是关键性的。为了让学生能弄清制作的过程，有必要提到其中一些步骤：比如，对方案所处地点的解读，对在这个特定地点中生活的人和这些人的活动的解读，并且展示学生自己的工作策略也同样重要。

针对这一问题，每个步骤都被指定了一种颜色，体现在概要的文字颜色上。于是，每个步骤都有一条说明与其对应，而每条说明都有一种匹配的颜色。我们用颜色来建立不同页面间、页面与总框架之间的联系。这样，每一章都以对应的颜色和对内容的图像性概括开始。

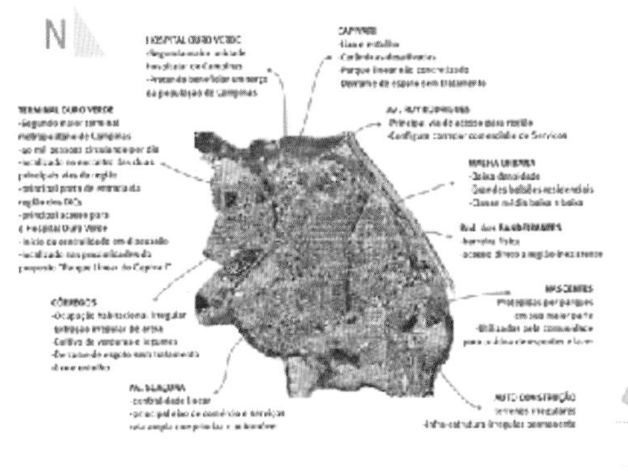

左上图表现了对研究区域的综合分析，这是根据调研的结果设计的。

左边的地图指出了现存的水道，城区网格和城市设施，比如公共医院和公交车站——地区的关键区域。

下图表达了方案策略：城市联系、自行车道、沿河公园，重点突出了城市设施形成的向心力。

作品集应当包括在理念上连续的文字部分。人口数据本应以文字、分布图、表格和图示的形式出现。但是，学生以自己感官形成的体验可以创造出更有表现力的图解，这些图解常能成功地突出社会和文化的多元性，并且能表达得异常清晰。

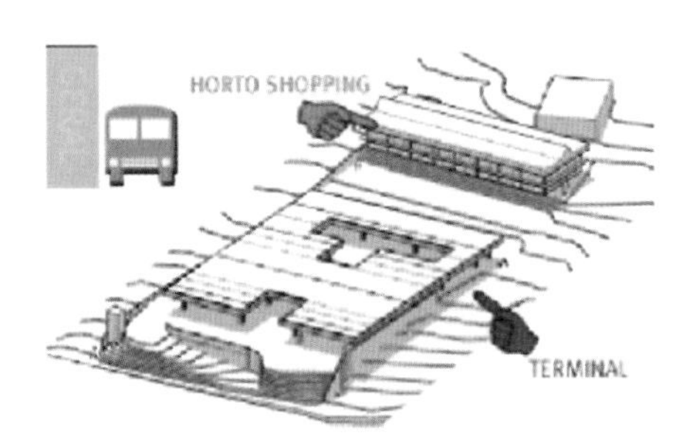
HORTO SHOPPING
TERMINAL

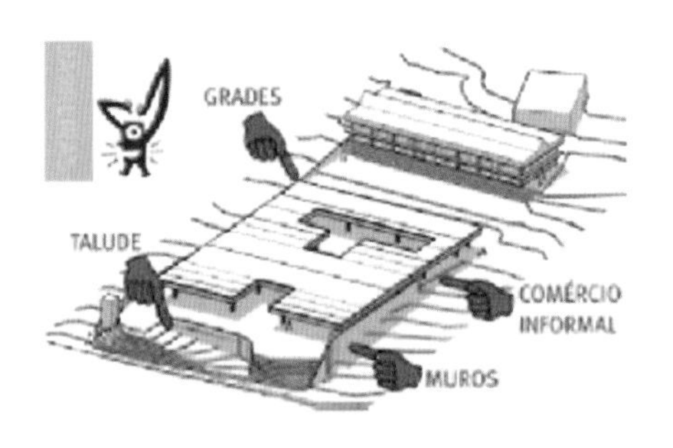
GRADES
TALUDE
COMÉRCIO
INFORMAL
MUROS

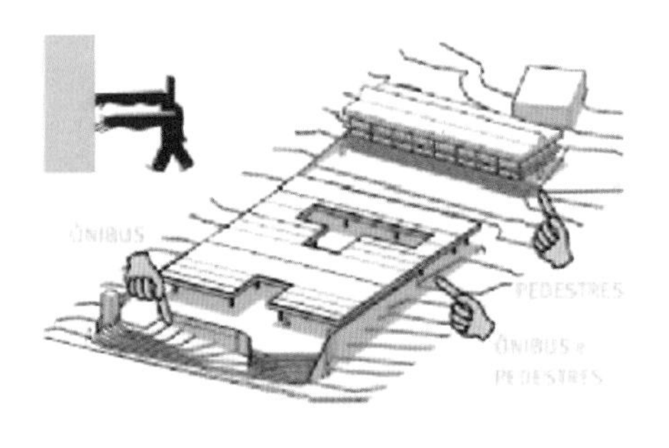
ÔNIBUS
PEDESTRES
ÔNIBUS e
PEDESTRES

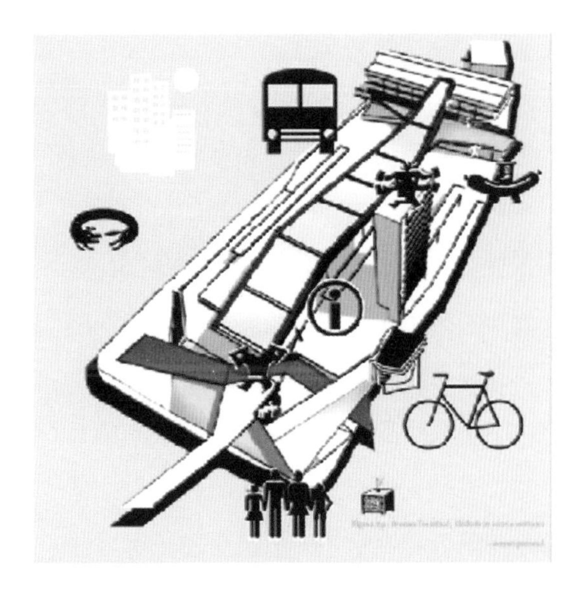

珍妮弗·西尔伯特（Jennifer Silbert）

策略

作品集将整整一年的研究和三个研究生方案展示在了一个 9 英寸 ×16 英寸的小开本书册里。大尺寸的原图是竖向排布的，由此决定了作品集的竖向排版，同时也自然决定了分类方法。我非常看重成品的建构性。因此，作品集厚重而平整，有着优雅的尺寸，让人在持握时感到愉悦。通过设计，作品集既有冲击力，又内容翔实，用单页插图来讲述整个方案故事。随着时间的推移，这本作品集更像是一本日记或者艺术品，我用它来回顾过去、找寻灵感，它饱经风霜而弥足珍贵。

这本作品集仅仅是我尝试做的第四本，也是到现在为止在策略和执行上最成功的一本。最早的两本是为了申请学校而制作的；第三本收录了我研究生第一年的研究；最后这本是为申请 SOM 基金奖制作的，展示了 3 个以研究为主的建筑方案。当时，我的技术经过了磨炼，只从每个方案中收录最好的图片（过程草图、一般绘图、模型照片和场地照片），并配上浓缩到精华的解说。少量的文字部分来自原始的表现图，所以这本册子主要依靠视觉表达。因为是学生作业，这些方案是理论性与实践性并重的，并且在 3 个案例里我都仔细地选取了复杂而有感染力的图片，表现方案成果的同时也注重表达设计过程。

因为这是一本学生作品集，我的作品和作品集灵感来自我的教授们——罗伯特·曼古里恩（Robert Mangurian）和玛丽安·雷（Mary-Ann Ray）。他们擅于使用睿智的文字来升华图面，以及将文字本身当作图像使用（他们的书，《包装》(Wrapper)(2000)常常给我灵感，特别是他们在我的那本上盖的签名章）；塞西尔·巴尔蒙德（Cecil Balmond）对算法设计的关注帮我形成绘图和模型的复杂方法，可以没有文字解释而不言自明；还有特纳·布鲁克（Turner Brook）的独具风格、强烈而极其幽默的风格让我能打破规矩大胆行事。我在他们身上所学的都体现在我的作品集——作品以及排版——而作品集的重点正是清晰、确切、自信，以及幽默。

制作

最大尺寸和页数都是 SOM 基金奖的提交规则指定的。作品集中的大部分图片原来是在竖向排版的图板上，所以作品集自然是竖向排版的。大部分页面上没有或者只有很少文字解释，设计过程也仅是简单地以时间顺序展示，所以读者按方案形成的相同顺序阅读其过程。我在 15 页上展示了两个方案和一个附加方案，这意味着每个主要方案有 5 页来展示，每页都是独立的，同时也是整体讲述的一部分。

所有的照片（模型照片 / 场地照片）用数码相机拍摄。手绘草图是扫描的，书的排版主要在台式电脑上完成，使用的是 Quark XPress 和 Adobe Illustrator 软件。蛇亭方案（见后）的所有图是用 AutoCAD 转到 Adobe Illustrator 绘制。最终文件从 Illustrator 打印。作品集中包括的还有手绘草图、工作模型和不同媒体的混合制图。书是手工装订的，用了一种（对初学者来说）简单而整齐的精装方法。

建议

在实际制作作品集时，我严格地遵守一条规则：只选取顶级质量的图片和文字。我认为一个清晰而有力的陈述比一连串连珠炮式的文字和图片更有价值，而且我对过度刺激性的表达极度小心，因为它们会模糊作品本身。我的主要建议是在编辑时保持客观，虽然这很难（特别是当你在处理个人作品时，排除中等质量的图片很难，但是这非常重要）。最最基础的是，重质而不要重量，并且注重对每个方案的深入理解。

基准网格的三种变化

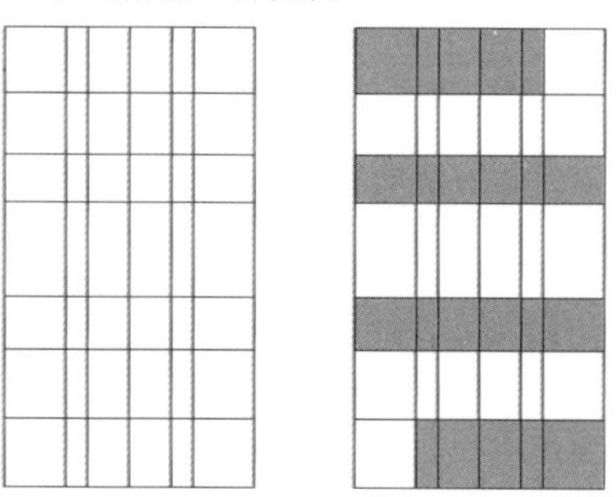

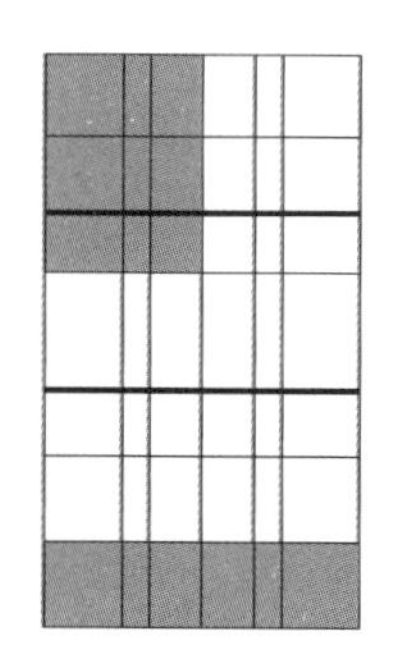

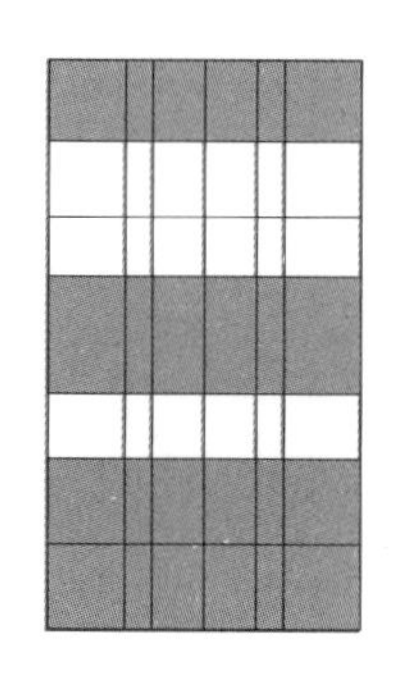

基准网格是用来给每页的基础结构建立参考标准的。这个网格中的变化是无穷的且一旦网格定下，我总是倾向于去打破它。因此每页最后就基于网格系统形成它自己独特的格式。

在有照片的页面，比如右边这些，重量在整体排版中是重要因素。

网格分析图

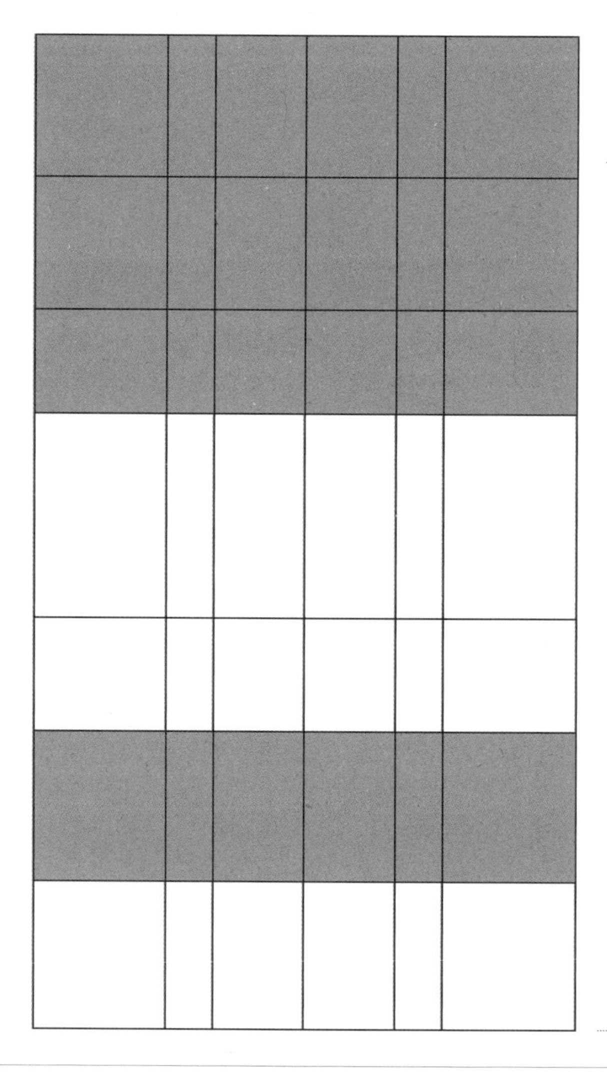

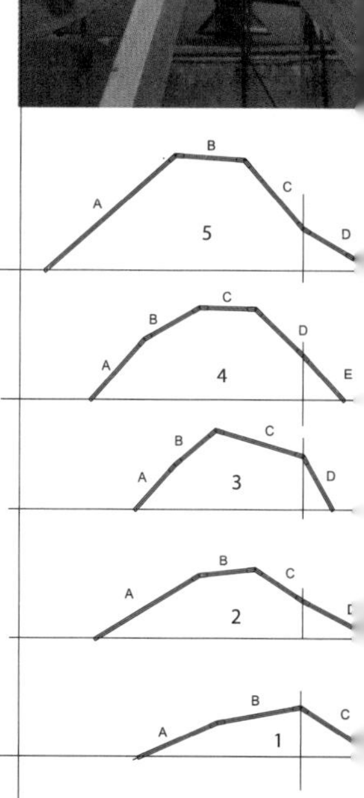

Imagination

January 2003 – Photo-Collage of Pavilli

裁切线 9 英寸 ×16 英寸

修剪标准的 11 英寸 ×17 英寸页面以形成优雅的外形。使用激光打印机打印，手工裁切。

用图片讲述安装的过程，没有文字描述。

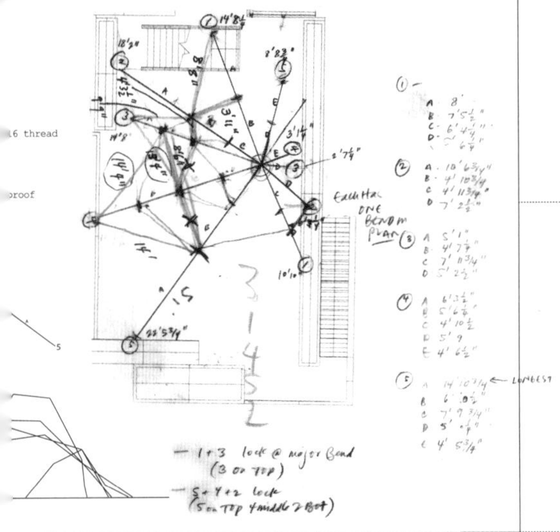

建构设计的过程也是用草图和工作绘图表达的，没有多余的文字。

Realization

April 2003 – Construction of the Serpentine Pavillion on the Roof of the Art + Architecture Building – Full-Scale Test of Algorithmic Space-Making

初设概念草图与最终装置完成图并置，清晰表现了方案的初始和完成状态。页面排版的并置方式，以及对显而易见的解释的有意省略，是想给读者的创造力和分析力一个挑战。如果不这么做，作者可能会在每页上花上大量时间。

在最后的图片下面是一段非常精炼的方案描述。

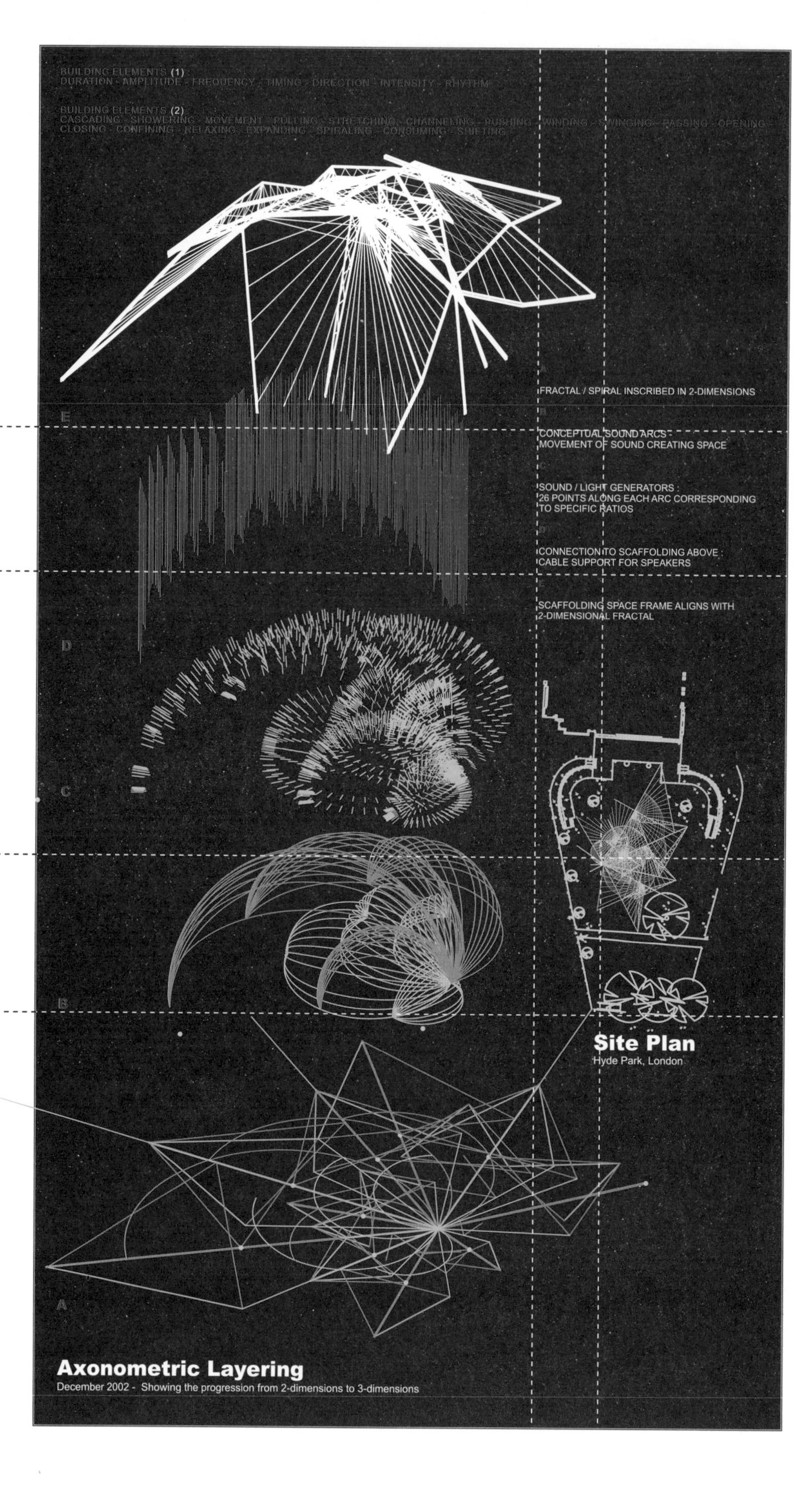

BUILDING ELEMENTS (1) :
DURATION - AMPLITUDE - FREQUENCY - TIMING - DIRECTION - INTENSITY - RHYTHM
BUILDING ELEMENTS (2) :
CASCADING - SHOWERING - MOVEMENT - PULLING - STRETCHING - CHANNELING - PUSHING - WINDING - SWINGING - PASSING - OPENING - CLOSING - CONFINING - RELAXING - EXPANDING - SPIRALING - CONSUMING - SHIFTING
FRACTAL / SPIRAL INSCRIBED IN 2-DIMENSIONS
CONCEPTUAL SOUND ARCS :
MOVEMENT OF SOUND CREATING SPACE
SOUND / LIGHT GENERATORS :
26 POINTS ALONG EACH ARC CORRESPONDING TO SPECIFIC RATIOS
CONNECTION TO SCAFFOLDING ABOVE :
CABLE SUPPORT FOR SPEAKERS
SCAFFOLDING SPACE FRAME ALIGNS WITH 2-DIMENSIONAL FRACTAL
E
D
C
B
A
Site Plan
Hyde Park, London
Axonometric Layering
December 2002 - Showing the progression from 2-dimensions to 3-dimensions

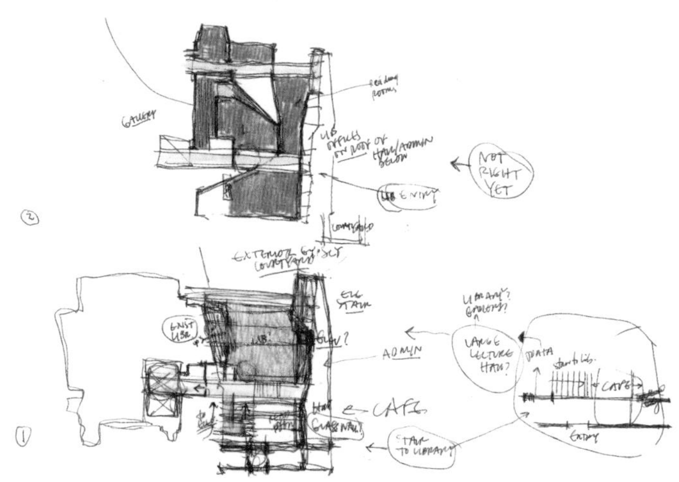

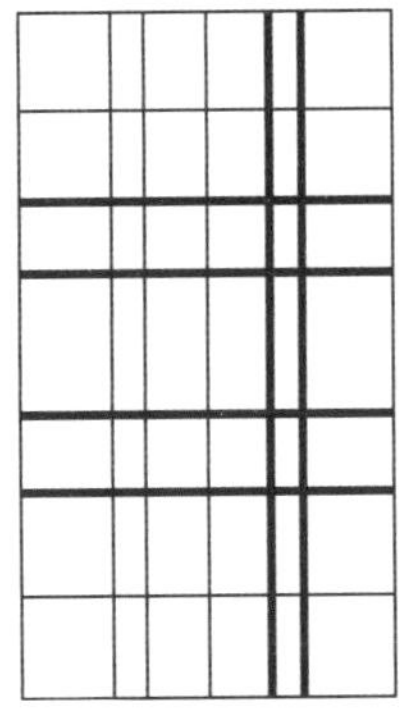

左页展现了设计过程的时间进程，从页面底部的平面绘图，到从这个平面绘图发展出来的三维建模结构。配合分解过程的页面排版强化了这个概念。右边的小平面是必要的背景交代，否则这会是一个完全抽象的图片系列。

页面排版很微妙，用了 1/4 和 1/3 竖向网格线来打破网格结构，产生重叠效果。

因为这里没有重量级的图片，整个页面依靠着图片序列的“阅读”秩序，这是与重要图片排版的页面不同的类型。

右图着重表现工作过程，这是我努力在所有方案中都包括进去的部分。工作过程的展示可以为读者提供对最终综合设计成果的独特理解。

每页都尽量讲述一个完整的故事，同时也帮助读者形成对方案整体的理解。

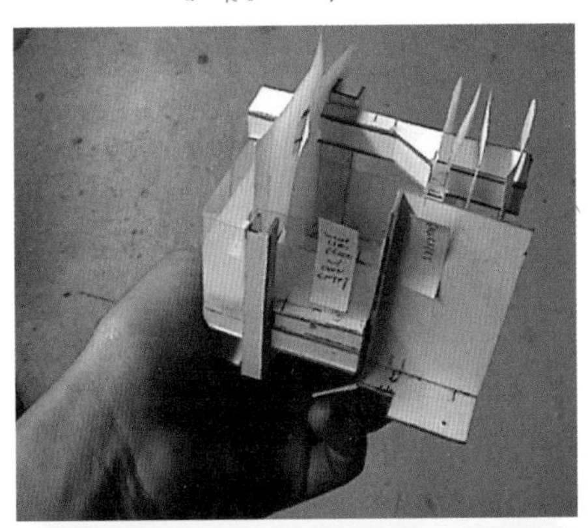

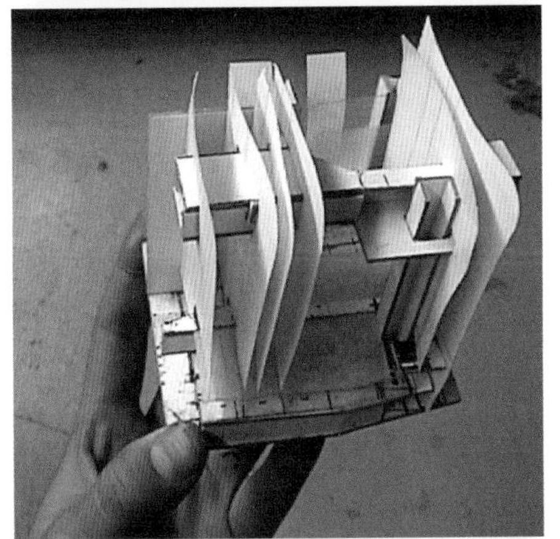

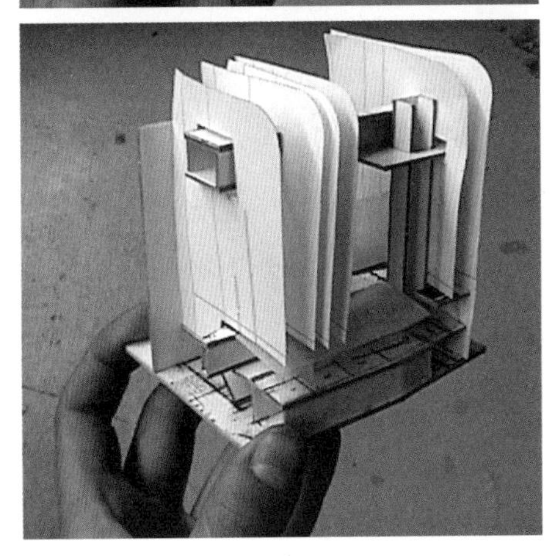

丹尼尔·J·沃尔夫
(Daniel J. Wolfe)

1. 你的灵感和影响来源是什么？

我要说我工作的很大部分受到专注于产品设计的图面设计活动的影响。这种市场竞争的策略重点强调了那些与我自己作品集的目标紧密相关的概念。图面构成往往是有力的，强制设计师在宣传中保持层次明确：产品、公司，以及附属的图像化元素。我觉得这些可以与方案、建筑和图面元素相对比—— 一个有组织的结构，而我认为其对于作品集的成功是必要的。

2. 你同时有很多作品集吗？它们之间的区别是什么？

我不同时使用一本以上的作品集。我发现我在每个方案后都在主观和理解上上升到一个新的层次。我永远都在重新定义我对建筑的理解。随着我感官的进一步成熟，我会对我过去的设计产生强烈的厌恶，所以也就很难用它们来作为自荐的工具。

3. 你的作品集是你当下工作的集合，还是囊括了你所有作品的连续的全集？

我的作品总是敏感的，而我作品集的内容是由它预期的表现平台来决定的。在我创作一本新作品集之前我需要催化剂。一个能够表达其对新作品集需要的情境。因此，我的作品集是效果导向的设计。方案选择是效果评估的产物，这种评估基于预期目标所设下的限制。

4. 你将作品集作为方案清单还是方案档案？

不。如我上面所述，我很少会喜欢我过去的作品，我常常觉得我对过去的厌恶是我现在的动力。

5. 你的作品集是对你感官有任意贡献意识的合流吗，跟物质有没有任何语意上的联系?

不，我的作品集是审美上的统一整体，带有明确的市场化标签。我觉得随意的图面元素应该被减到最小。我更倾向于拥有清晰的构成、聚焦于方案表达的有组织的精确系统。

6. 你的作品集主要是设计导向的还是方案导向的? 主要是基于图像的还是基于文字的?

我的作品集是方案导向的，运用了图像和文字结合。文字总是图像的补充和从属。我作品集里的项目花了我无数的时间才完成；读者不可能通过观看设计结果就知道方案的前提背景。因此我保留了文字来为读者提供一些有助于理解设计前提的背景故事。

7. 你怎么评价你作品集的有效性?

我的作品集总是由脑中一个具体的目标促生：申请职位或者学校，或者尝试得到项目委托。我从最初的目标来衡量成功与否。相反地，主观意识总是显示，作为创意工作的作品集没有什么问题。在我职业生涯的一些时刻我发现我处在一种情况中，这种情况要求我有一本类型完全不同的作品集才能成功。成功的缺失并非是由于排版的失败；相反，它是因为在特定领域缺乏经验所致的。

丹尼尔·J·沃尔夫

// 一个四维的概念分析图

初始构形

死板的初始分析图表达了作品集的最初概念。变化是通过直觉和反馈作用实现的，与设计过程的形态学天性是一致的。

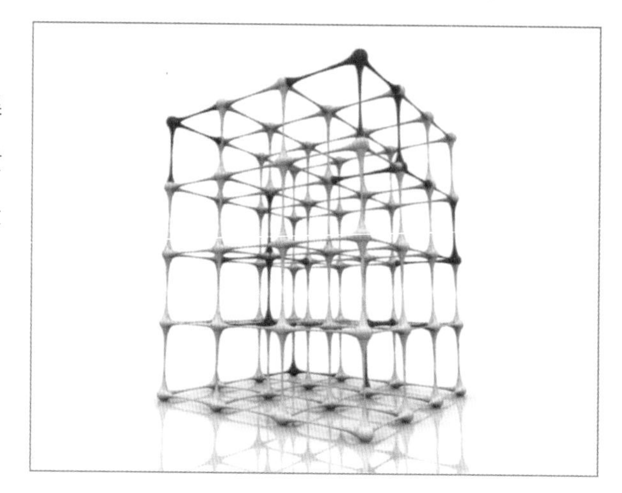

网络扩增

经过几轮反复推敲后，一个更加精巧的美学结果出现了。这些方案各自表现出的美学和表现效果与作品集表现出的整体美感平行发展着。

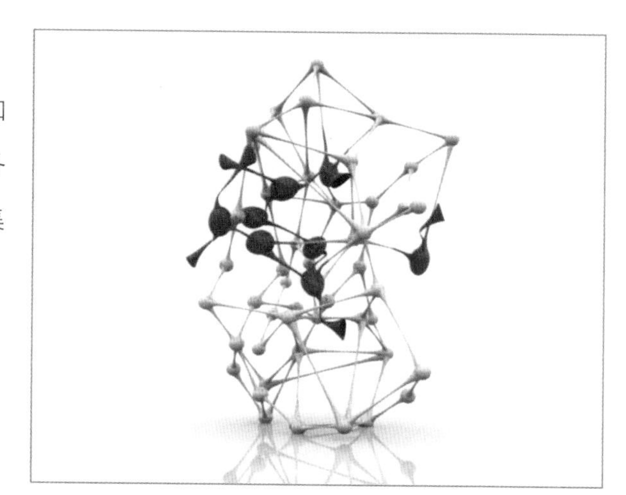

微观尺度

网络节点代表一个单独的方案，随着作品集的进一步发展，它使整个设计过程变得充满智慧。这种智慧不失时机地发展出余下方案间的平衡。

微观过程形态学

// 主要设计步骤

①初始状态，方案选择；这个初步设计过程觉得作品集包含的方案的限制条件。

②方案扩增；调整方案以获得更好的美学和表现效果。

③创作实验；依靠直觉在原有死板的构图上创造了机会性的变化。

④美学 + 行为性评价；主观性；这是一个演示测验和回馈机制。评价之后设计师又回到第一个步骤。

3ga STUDIO
Catalyst
Stanford Linear Accelerator Center existing 10,000 s.f. storage center has reached a terminal point in it's lifespan.
Proposal
The final structure should become an icon for the wealth of knowledge that it represents. SLAC is currently making an attempt to reach out to the public and establish relationships beyond the scientific and academic community. The experience created by the circulation path within this structure is an attempt to breach this gap. The function spaces of the data center are all subterranean allowing the remainder of the space to utilized by the public. While physically barriers may be in place, visually the data storage equipment will always be accessible.
The circulation path of the structure provides views of the campus, data storage equipment, and directly to the accelerator. The reveal in the center of the roof and the cantilever are attempts to delineate the importance of this data in the role of humanity.

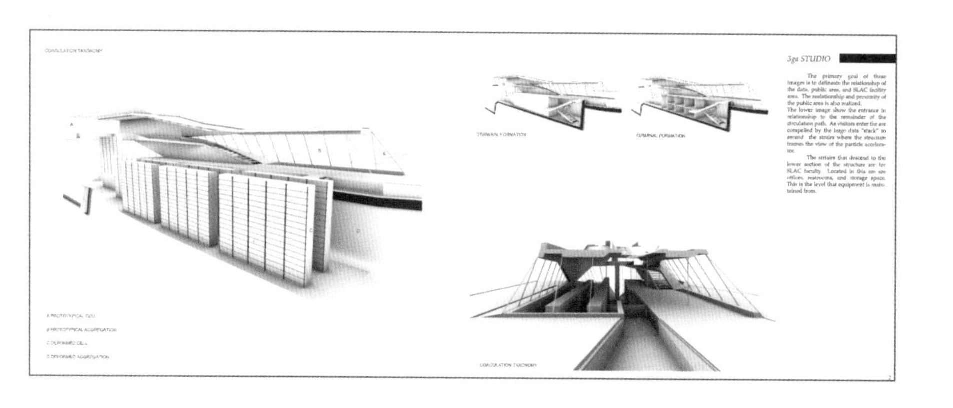

3ga STUDIO
The primary goal of these images is to delineate the relationship of the data, public area, and SLAC facility area. The realationship and proximity of the public area is also realized.
The lower image show the entrance in relationship to the remainder of the circulation path. As visitors enter the are compelled by the large data "stack" to ascend the strairs where the structure frames the view of the particle accelerator.
The striairs that descend to the lower section of the structure are for SLAC faculty. Located in this are are offices, restrooms, and storage space. This is the level that equipment is maintained from.

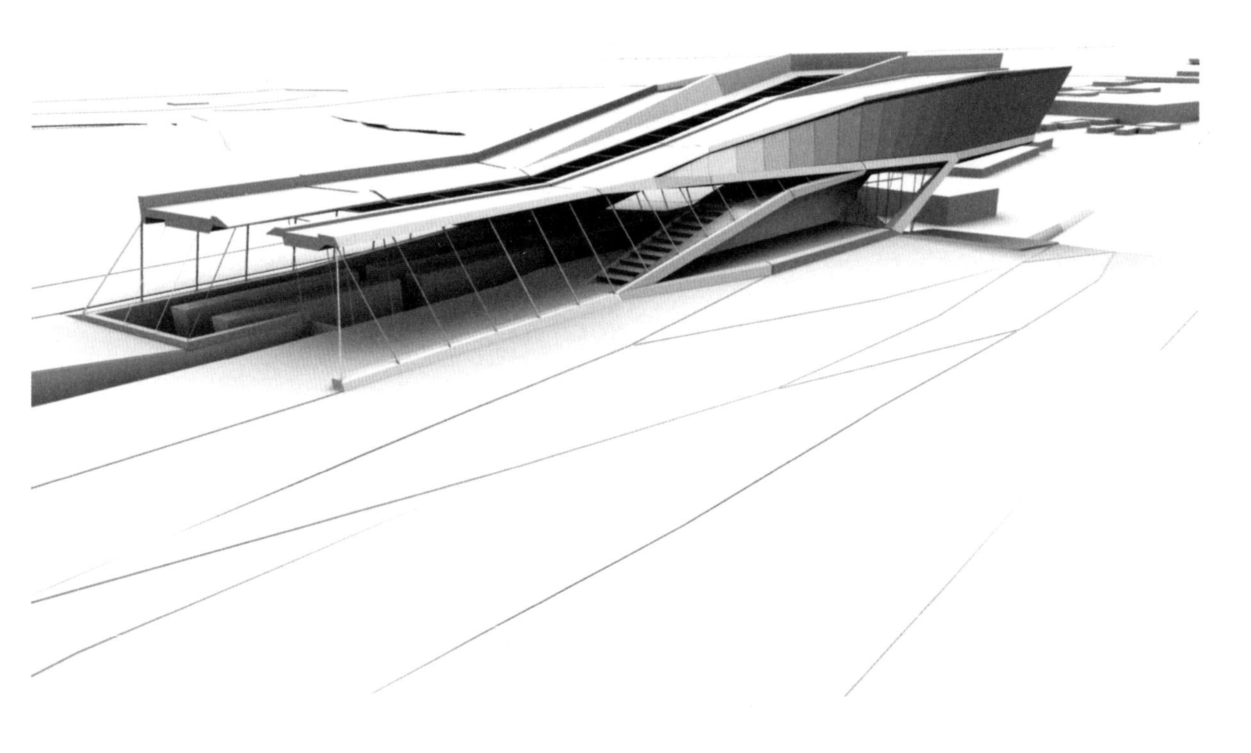

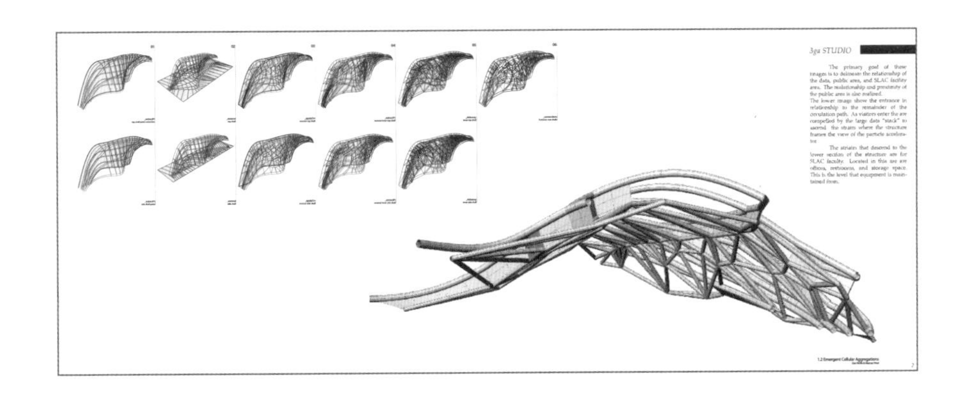
3ga STUDIO
The primary goal of these images is to delineate the relationship of the data, public area, and SLAC facility area. The relationship and proximity of the public area is also realized.
The lower image show the entrance in relationship to the remainder of the circulation path. As visitors enter the are compelled by the large data "stack" to ascend the strairs where the structure frames the view of the particle accelerator.
The striairs that descend to the lower section of the structure are for SLAC faculty. Located in this are are offices, restrooms, and storage space. This is the level that equipment is maintained from.
1.2 Emergent Cellular Aggregations

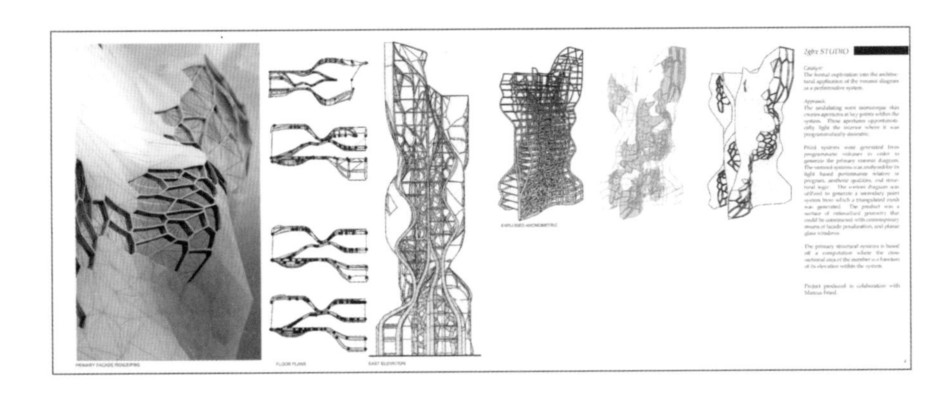
2gbx STUDIO
Catalyst:
Approach:
Project produced in collaboration with Marcus Friend.
PRIMARY FACADE RENDERING
FLOOR PLANS
EAST ELEVATION
EXPLODED AXONOMETRIC

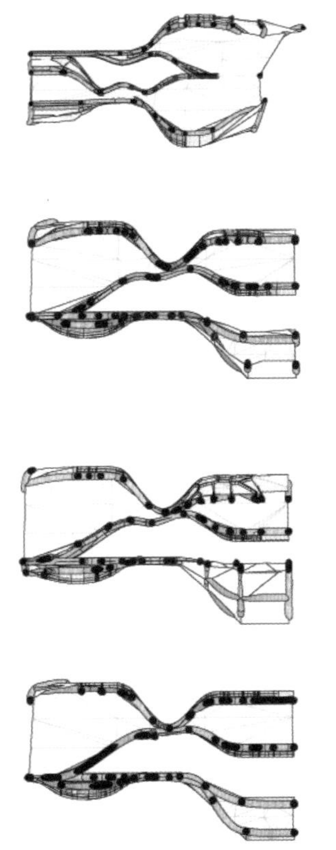

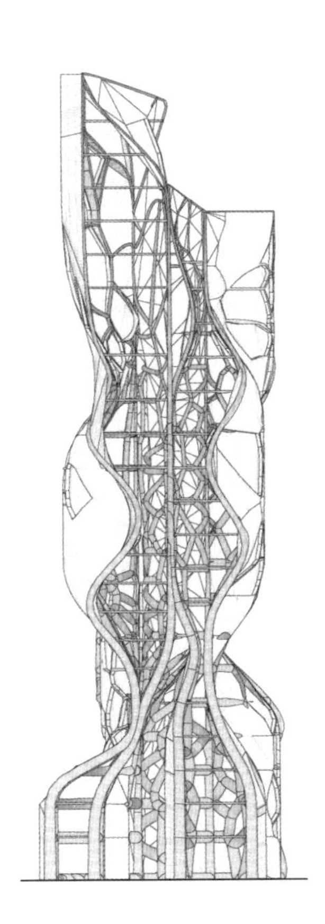

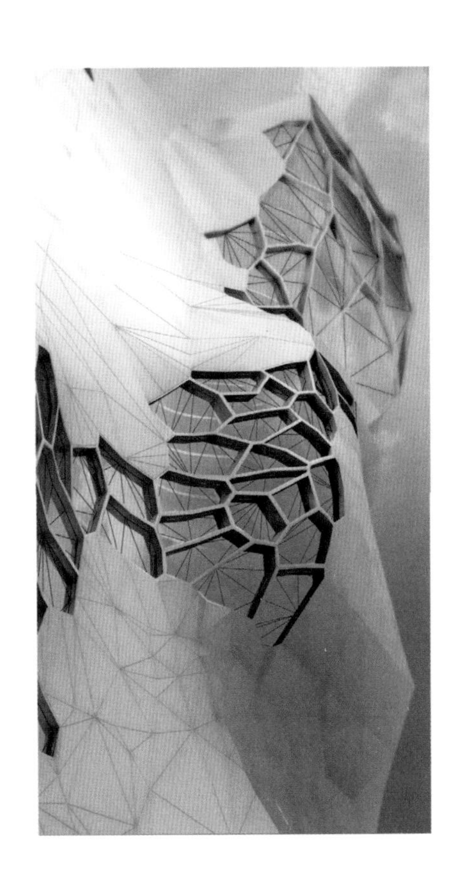

第三章

设计与制作

设计与制作

在做好计划并且选择好可以支撑作品集概念的作品之后，下一步就是设计。我们用作品集来彰显我们的概念，体会和接受我们的概念有时候是很困难的，原因在于它们往往不会直接呈现出来，而是作为解读的对象。而概念易于体会和接受是作品集内容和形式设计的重要原则。总的来说，作品集是一个灵活的东西，可以将新的信息和概念与更大的背景和相关的范式融合在一起。然而，一些基本的结构性的要求仍然需要考虑。这些指导原则是弹性的——在一个强调交流的过程中必须如此。最主要的是要达到一种统一的视觉表现，能够形象化地解释你在做什么，以及你为什么这么做、在你的工作背景下这么做有什么意义。

3.1 缩略图与模型（样品）

在完成对作品的初步挑选之后，你也许对组织它们的顺序和主题有了一些考虑。

你的第一个设计决定了作品集页面（以及屏幕页面）的尺寸和长宽比。由此比较容易更自信地继续进行其他方面。可以用两种基本工具来研究布局结构上的可能性：缩略图和模型（样品）。两种方法都能迅速的对一些重要问题形成简要认识：如形状、位置、页面顺序、每个项目的同一个地方的索引——纸质或者电子版的。这两种方法都很容易得到反馈、进行评估、改写、尝试不同变化、修订等，因而提供了试验的自由度。这种技巧融快捷、直觉和本能为一体，提高了对个人的感性判断和特点个性（例如风格的原创性）的自信。

一方面，一些设计者能运用缩略图草拟出很好的书籍排版，尤其是以电子页面的形式。另一方面，模型或是样品则是作品集的物质基础。作为一种对感官的吸引，模型的物理作用就如同建筑的体量、形式和表面一样。样品能够测试它的形状、颜色、构造、比例、纸张大小、重量、材料和装订。你需要全神贯注并且快速耐心，相信你的本能。样品的强项在于，在更复杂的细节被精制和打磨前，它能确定大的问题，如基本的形状、比例、结构、连续性、物质性、发展变化、颜色和联系。将任意内容用马克笔或蜡笔绘制快速的、平面简图，这样就可以分析比例。这些简图仅仅用于分析，切勿当成草图。依靠你的直觉迅速决定准确的顺序、大小、对书的感觉以及整体视觉特征（不局限于单页，而是贯穿各页之间的）。

如何制作样品

现在你要制作一个样品——你的作品集的三维模型。确认你在搜集作品集范例和资料以及决定借鉴何种风格时所学到的一切。回顾你曾做的改变、走过的“歧路”，看它们是否有参考意义。

一个成熟的设计的标准之一是“四两拨千斤”。这种举重若轻既包括实际付出的努力，也包括素材或是元素的数量等。

想想我们印象中短暂的体验是如何与长久的记忆相联系的吧。请记住只有提供丰富的感官体验并且为生活增添乐趣的事才会被铭记。换句话说，你需要“悦目”，更要“赏心”。

作品集除了提供特定的信息之外，还能有什么关联的经验的影响呢？你的作品集的最终效果远非是一些图片的集合。

现在将四五张纸对折，在折叠处装订，草拟出作品集的微缩版。用不同灰度的马克笔、彩色马克笔或碎纸片，快速而简略地抽象出图形和文字。你可以选择直接在样品上绘制，或用草图纸绘制后剪贴到样品上以便重新定位，切勿过早纠结于细节。先解决大的空间问题，然后将小的形式融入合适的空间，在最终成品里再研究细节。

3.2 从一般到特殊

这一步要求你开始将草图和样品中形成的想法（顺序、节奏、重点），重新以印刷或电子的方式制作。

在纸面上组织

作品集的主要目的是交流。为了易懂，任何形式的信息必须经过组织，必须是直接可得的。即使有复杂的主题，信息仍应该以易于理解的方式表达。作品集必须使这种交流清晰而简洁、完全而充分。

如果你想让作品集称心如意，那么寻找合适的格式、尺寸和布局也许会比你想象的要复杂一些。作品集的概念需要足够清晰明了，以便用图片的形式传达你的想法和观念。如何在别具一格而引人注目的同时传递信息，这就是你要面临的挑战。这不仅仅是选择装帧、页面、封套，然后用逻辑将图片组织在一起那么简单，而是必须体现一致性、观点和风格。而且，如果你想让作品集被记住，那么它需要传达一个主要的概念，最多两个，三个以上的概念会适得其反。

风格只是工具，你用它来击中目标。想想你用的颜色以及这些颜色的含义。想想支撑你的目标的图像、吸引你读者的节奏、与读者交流的文字。想想在你和读者间建立共同交流框架的文化关联和标志。想想你想使用的材料的语汇和它们的含义。想想什么形式会支撑你的关注点、传达你的概念、吸引你的读者。

千万别尝试作品集各部分“有趣”的编排。作品本身已经足够有趣了。如果作品不够有趣，那么也许设计就是无力的。如果起始的概念就乏力，再富于想象的编排也于事无补。

风格应该是结果而非目标。创造一个使你的态度显得合适的风格，其实就是避免用“灵机一动”来解决问题，风格是自然出现的而不是强加的，风格必须恰如其分。

基于屏幕的作品集

每个人都想设计“酷”的网站，但如果访问者无法在一两分钟内弄清如何使用这个网站，他们就会离开，或是对你很反感——无论你的设计能力和技术水平如何。同样，记住音频层必须支撑而不是分散主题。正如其他设计元素，你能够加入音频并不代表你应该这么做。

就像印刷版作品集，你的观众是你的关注中心。从内容和页面设计到为了易于浏览和方便残障读者，你必须聚焦于如何同你的网站访问者建立联系。他们必须能够：

- 快速得其所需
- 以合理的方式快速浏览和获取信息

与数以千万计的网站争夺关注的当下，设计可用性是带有强烈商业利益的主题。伴随着对于什么样的互动网络媒体是有效的这个问题的研究，产生了许多关于网页可用性、页面设计、内容设计、网站设计和局域网设计的书籍和网站。雅各布·尼尔森（Jakob Nielsen）就创建了一个关于可用性的网站：www.useit.com。在他写的书《网页可用性设计简明教程》（Designing Web Usability: The Practice of Simplicity）中，他认为好的网页设计有“四项基本原则”——HOME：

H 高质量的内容（high-quality content）

O 经常更新（often updated）

M 载入时间最小化（minimal download time）

E 易于使用（ease of use）

然而，尼尔森还指出，如果你想做出一个真正优秀的网站，你不能止步于这“四项基本原则”。此外还需要“三字诀”——RUN：

R 与用户需求相应

U 在在线媒体中独树一帜

N 以网络为中心的企业文化

数字化的结构和图表

最简单的网站结构是线性的设计而非随机的访问，主页指向第 2 页。从第 2 页可以回到主页或进入第 3 页。在第 3 页，你可以选择回到第 2 页或再进入第 4 页。

如果你在每一页都增加一个可以直接回到主页的链接，复杂性就开始增加。如果访客可以从第二页去往其他六个不同方向（如图片库、链接页面、电子邮箱等），就更加复杂。而这些不同方向又转而链接其他，以此类推。显而易见，导航的复杂性会不断增加。其中的关键就是要有计划，保证各种路径对访客都有意义，以及每个页面都能轻松回到主页。如果访客无法便捷地到达他们感兴趣的部分，他们是不会继续为此劳神的。

牢记这一点，你可以将你为作品集绘制的手绘图纸扫描或用数码绘图板拓成电子文件。一些设计者将手绘图纸转换为矢量图而避免栅格图带来的缩放、旋转和失真等麻烦。也有为那些不具备专业知识的专家和设计者而设计的制作工具包，尽管这会使他们眼界受限。

数字化图解被称为线框图，因为他们看起来除了控制未来的设计项目的结构性线条外什么都没有。线框图确定了页面上的内容以及各项元素如何按照优先级相互关联。这些图向使用者展现了在页面之间的移动，却无法显示出某个使用者的操作的结果。线框图可以用多种程序绘制，可能是信息架构师最欢迎的工具，它们也可以用特制的线框和网站原型设计工具生成。

设计一个界面

界面是访客与你设计的网站互动的途径。好的界面设计可以让访客觉得随时可以找到他们需要的信息，感到非常放心。你试图将控制权交给他们，他们可以选择去哪儿和看什么。你可以靠标志、符号、图标、菜单栏、按钮等来传递这一信息。用绘制流程图的方法来提高对各部分导航帮助的设计。

电脑使用者习惯于通过图标对概念进行视觉化表达。他们能够理解如垃圾箱表示回收站这样的隐喻。当你设计界面元素时，请为你预期的受众量身定制。这种联系将使访客能够轻松浏览网站，被一张主要图片所吸引而点击它就能被引导到相关内容，然后或许回到原来的地方，又或许跟随下一个链接访问其他内容。切记访客对基于屏幕的图标系统有着特定的认知习惯，切勿创造一系列难于理解的新标识吓跑他们。

网络之外：基于屏幕的作品集排版

基于网络的作品集提供了一种流动而可持续的工具来展示你的作品。这带来了广泛的用途，同时也提出了许多要求，如网页撰文、跨平台设计、响应时间考虑、多媒体实现、导航策略、搜索框、国际化问题，并且远不止这些。重要的是聚焦于网站设计是否真正实现了目标，这一目标通常是推销、教学或娱乐。

上述所有问题都有一个前提假设，即访客使用一台带网页浏览器和标准显示屏的电脑浏览网站。众所周知这种局面将发生变化。网页已能够通过苹果、黑莓等品牌的手机以及小型笔记本电脑等新的设备进行浏览。用于图像设计的规则已经过时。许多网页设计的习惯如今也被废弃。为了内容在手持设备上显示得更好而提出的一些设计建议看似相当严苛。

手持设备的主要限制是屏幕小，缺乏水平滚动的显示机制。或许导航要依靠手写笔而非鼠标。或许下载变得既昂贵又缓慢，因为处理器速度慢而且存储空间有限。或许许多用户会因此选择关闭关联图片加载。要考虑这些小屏幕排版设计的限制因素：

- 设计单列布局而避免浮动；
- 用高效的语义标示和 CSS 优化 HTML；
- 减少装饰性图片的使用；
- 不依靠图片或插件进行导航；
- 编写优质文本替代图片；
- 避免要求鼠标或键盘导航的动态效果。

解决小屏幕之困并非只有压缩页面一种解法。最好的方式是使用层叠样式表（CSS），它可以使同样的内容根据所使用的设备而采用不同的显示方式。

网络印刷作品集

作品集之所以是作品集，并不取决于表现格式（媒介）。作品集的构成——电子或是纸质——得益于对主题和视觉连续性以及概念性停顿的敏感性。撰写脚本、定序、修辞、清晰度、简洁、易访问性都很重要，但与媒介无关。

如果你的作品含有网页设计或其他非印刷类设计，你仍可以编辑印刷版作品集；反之亦然。将你的网页截图或打印。由于屏幕分辨率通常无法提供清晰的打印输出，你或许需要将为网页显示设计的特殊标志或其他图像进行高分辨率输出。即使作品集为网页显示而设计，但为了编辑印刷版作品集之便，请一开始就创建高分辨率版本，并在不同阶段加以保存。

印刷版作品集依靠图片设计、插图和排版软件完成，这些软件让你能够操控所有元素。也可以选择专业的自助出版公司，来指导你完成作品集制作的全过程。传统的黑壳作品集应该用复本装订制作，以保护原稿。

3.3 足尺设计

在确定了作品集的内容和整体观感之后，你进入足尺设计阶段，这一阶段包括所有主要和次要的细节。

那些适用于所有设计项目的美学原则同样适用于你的作品集，不论是印刷版还是数字版。例如轴线和对齐、均衡、重复以及连续，这些原则可直接用在简单的数字化或是传统的表现媒介中。尽管这些美学原则和元素已经成为老生常谈，它们仅仅是原则和元素。设计师工作时不应该只想着这些原则和原理。如果坚持诸如和谐、均衡和对称等纯主观原则，使得它们比基于经验（感官信息）和反应（逻辑）的直觉更重要的话，那么这些原则就毫无意义。

比例

只有一个原则是你必须知道的—— 一个统治其他原则的原则——那就是比例。比例一直被误认为是数学和测量概念。比例是根本，可以直观地、可视化地、概念性地实现。

注重比例关系，比如包含、重叠、共同完成。比例是视觉形状、样式、内容和空间形式的基础。

3.4　为感受而设计

常识表明，有多大比例的读者、以怎样的性情回应你和你的观点，取决于你如何接近他们。你应该从一开始就力争实现一种统一的视觉表现方式。作品集有可能成为一大堆废纸的松散结合，也有可能是极富个性的设计。设计的成功很大程度上取决于形式的组织。

请考虑元素结合的方式。这种结合也是设计的一部分。务必注意不要让平面与平面之间的空间显得分散，它们都是整体的一部分。这不只关乎流畅性，更影响整体性。

不妨把作品集设计比作建筑设计，那么你要着重处理的就是空间的创造和利用问题。设计一个或连续几个页面的布局就如同设计一个房间或一系列房间。页面设计就好比平面或立面，不仅是设计独立房间，而是涉及整个系统或环境设计的过程。它需要足够灵活可变，使项目能够再显示和再组织。

一个好的作品集能够建立一种叙述方式，这种叙述方式将连续或不连续图像和事物线性组织在一起，这需要决定给予线性组织框架中的每个视觉或触觉事物多大空间及重要性，从而在作品集页面之间浏览之时能够产生整体感。切记设计的质量无法测出，只能通过与其他设计的比较体现出来。

布局网格

从古埃及开始，网格就被用作组织空间关系的一种方法。设计师利用网格整理和组织信息。其实网格为设计提供了结构性框架。网格需要足够灵活可变，以满足项目的再组织和再显示。

作品集网格根据图像和文字的要求发展而来，为设计提供结构性框架。网格不仅是图面布局的组织原则，还是三维设计的潜在主题——甚至对室内设计和建筑设计来说亦是如此。

布局网格能够帮助你预先计划作品集的视觉路径和“景观”。

宏观来看，如果你意识到轴线间的抽象关系，你会发现你能更好地控制你的设计。这种轴线关系三维的，有反面、有遮挡、有结构。

结构也可以指情感模式；或指场景、情节、各部分的时间顺序发展；或指想法或形象的展开；或指诗节、段落或其他类型片段的组织。结构还包括各部分间的关系，诸如因果、对称、均衡、比例、关联、即时位置、逻辑发展和网格。

记住，只要整体布局是成系统的，那么随机安排是完全有效的。即使某些页面和其他页面在布局或设计上大相径庭，也不影响整个作品集的整体性。

3.5 他山之石

与其他技能或话题一样，你应当从你喜欢的范例开始。先弄懂基本原理，分析内容的比例和关联，然后做出自己的改编版。对那些你认为是过去创造的视觉风格和原理等也是如此，其实也许有些并不是。没有必要成为权威，只要有经验、有意识就好。就现在来说，找到一个成功的排版一般来自他人告知或直接观察。通过分析页面和文本块的比例，你会发现生动可行的解决办法中包含了颜色、图像、排版和结构的多种变化。考虑如下这些方面：

- 书本或文字是否强调了特有的视觉导航?
- 书本或文字的组织是否给读者指引了方向?
- 书本或文字是否按逻辑顺序编排?
- 书本或文字是否从头到尾通顺流畅?
- 书本或文字是否能被清楚地分成视觉单元或组群?

3.6 格式技巧

如果涉及印刷，你应该了解缩放、裁剪、出血、水印和色彩/色调比例，这些是提高你作品集效果的重要功能，这些图像的细节技巧能够增强你已经建立起来作品集的设计结构。

缩放

当你想缩小或放大你作品中的一幅图像或某部分以适应作品集里特定的空间时，缩放是要用到的技巧。缩放有多种方式，但都建立在各维度等比例缩放的基础上。

最常用的方法是用对角线的几何原理来确定缩放的最终尺寸。也许最快的方法就是把图像的一角与要放入的布局空间的一角对齐，并从这个角画一条图像的对角线。根据这条对角线所画出的矩形就能满足这幅图像所需的矩形比例。

在根据作品集的需要调整你的图片或作品的尺寸之前，你必须先确定你想要的尺寸。换言之，在放大前你必须先决定它的新比例。

裁剪

删除一幅图像不需要或多余的部分被称为裁剪或重排。裁剪或修剪一幅图片可能产生有用与否的巨大差别。裁剪能够改变你的作品的形状，或使你能够局部放大图片以突出重点。一对L型硬纸板可以用来框定选定区域，帮助你看出裁剪后的图像是什么样子。

出血

出血扩大了视觉范围，超越了修剪后的图像的边界。这些超出边界的作品集图像附加部分会扩大读者的视域。

水印

水印是指一个包含图像材料（如文字、色块或概念手图）透明或半透明的片层（如聚酯薄膜或透明描图纸），置于说明性材料上并与之结合。它能够创造一种模拟设计的体验，并激发读者的想象。

色彩 / 色调比例

色彩是靠信息和文字形成的区块建立的。色彩可以用作隐喻。色彩和色调（明/暗）可用作生动的“细节设计”或是一种装饰，但是正如其他所有“装饰”技巧一样，它只能用来重申你早已建立的设计结构，绝不能用来弥补可觉察到的刺激性的欠缺。色彩可应用于全彩色图像（印刷品或原稿），或是用作彩色的纸张或胶片（例如分片分节的时候），或是用作红色印刷品（传统做法是使用红色文字）。色彩必须从你作品集的内容中直接显露出来。

3.7 说明文字

作品集中的图像和对象多会伴有说明文字，也许不完全是印刷体文字。现在你开始加入语言，请使用最终会出现在图板和标签中的确切文字。

准备好你的说明文字是最重要的。如果可能的话，请你把文字缩到最短。最佳的作品集通常目的专一，靠简洁的说明文字和标题实现，而不是冗长的文字。如果你无法删减你的文字，那么找个人帮你吧。

在易读性和视敏度方面，你将根据经验做出很多决定。最重要的是标签必须标准化以方便读者。导航性的帮助如页眉页脚、图标和图框有助于作品集建立流畅的格式。

3.8 印刷样式

印刷样式本身就是一个有吸引力的学科，且非常复杂。不仅存在成百上千的字体，而且这些字体还存在许多变化：正体、斜体、细体、中等、粗体、超级粗体，加上字母不同程度的缩放。

遵循让事情简化的思想，你可以使用普遍欢迎的通用字体，如 Helvetica。只要稍加调整，单一的字体也能起到很好的效果。

考虑以下方面：

- 重要性等级
- 运用字体磅值
- 文本格式如斜体、粗体
- 位置——左对齐、居中、右对齐、两端对齐或强制对齐

易读性和可读性

易读性关注字体精巧的细节设计，从操作层面说通常指个体字母或单词被识别的难易程度。而可读性关注文本整体的最优组织和布局。一种难读的字体，不论你如何设置，都无法变得可读。但即使是最易读的字体，如果设置的尺寸太宽或是为某种目的设置得过大过小，都会变得不可读。

字体特征

同一页面上使用过多的字体样式会造成散乱和分离（缺乏统一性）。每个项目使用的字体别超过三种。太多的粗细变化会导致读者找不到重点，进而导致他们失去一些重要信息。

留白不是空白

我们通常会注意的是物体而非围绕它们的空间。然而空间对于阅读的舒适性而言非常重要。它为读者提供了休息的机会，使阅读更舒适。大的页边距通常暗示奢华或规范（除非局促的内容为了看似更多而被有意撑大），而小的页边距表示节约成本。

行距

行与行之间的空间让读者在逐行阅读的时候不至于忘记自己读到了哪里。太小的空间会导致局促感，切记不同的字体需要不同的行距。

行宽

阅读许多长行文字容易引起眼睛疲劳。读者不得不更加频繁的扭动头部、转动眼睛来进行逐行阅读。一位读者的最大注意范围是 50-60 个字符长的一行文字。

3.9 封面：引人入胜

作品集的封面就像建筑的围墙，透露着创造者的性格。它也是为内容而设计的一个概念和经验的环境。封面的作用不仅是字面上看起来这样，它决定了作品集的第一印象，所以你需要分析它传达了怎样的信息。你在进行封面设计时可以强硬固执、直接老练，但不要低估它传递给读者感受的重要性。

封面在许多视觉和概念层面同时起着作用。它是向读者发出的请柬，向他们传达内容的生动性。从非常实际的意图来说，封面对内容起着广告的作用。它还通过聚焦复杂设计，强调了作品集的重要元素。这延伸了读者对实际信息的关注。

要考虑封面的下列品质：

- 有手感舒适的材料制成
- 制作材料适合其用途
- 有吸引人的文字并且易读
- 合理的、吸引人的设计
- 对颜色的合理使用
- 简洁耐久的外保护层
- 易于打开
- 页面平整

封面图像的选择

封面对于作品集来说既是包装纸又是广告牌。封面设计包含着对立和妥协。我们往往很难用一幅图来总结那么多页精彩的内容。页面设计需要在宣扬你的建筑哲学、反映作品集内容和成为有效的推广工具之间找寻某种平衡。如果封面图像太过新颖，读者可能看不出这是什么作品集；如果封面图像太老套，作品集又会淹没在浩瀚书海中。

参考以下要求：

- 反映作品本质
- 延伸视觉吸引
- 简单清晰直接

标题的选择

标题的目的是表现作品集的内容。记住标题是你和你的作品、你的专业实践的延伸。你的标题必须激起读者预期的兴趣并吸引他们。最后，它应当为你的作品提供清晰可靠的提示。

你作品集的标题应当：

- 肯定而不拘谨
- 能激起读者兴趣并吸引他们
- 避免冗余

3.10 纸张选择

触摸感是另一种与读者交流设计意图的方式。细心挑选的纸张可以为作品集带来材质的微妙体验而增强你的信息。不同类型纸张的组合可以给读者带来无尽的触觉可能。例如，光面中等厚度的封面配上糙面较薄的尾页能够凸显作品集的触感。记住纸张最重要的品质是同作品集其他元素之间的关系，而不是它本身的大小厚薄。挑选作品集纸张时需要考虑很多因素，以下是你应该明确注意的五点：

- 色彩
- 重量（尤其当需要被邮寄时）
- 透明度
- 表面材料（粗面/缎面/光面）
- 触觉特性

一定颜色和厚度范围内的纸张样品装订成的样本册子，可以帮你挑选适合你作品集的纸张。

3.11 装订方式

装订的目的是把作品集的页面固定在一起，避免常规的磨损和扯动，并且让作品集能够易于翻看。同样的，在概念层面，装订方式关乎物质内容与精神内容的对话。装订方式有多种，但基本可分为两类：办公装订和工艺装订。

办公装订包括：

- 骑马钉装，通常用于小册子，用订书钉沿装订线装订。
- 圈装，通常叫铁圈装或胶圈装，用弹簧状铁圈或胶圈装订。
- 胶装，又叫热胶装或无线胶装，靠热融胶带固定页面左边缘，形成书脊。

工艺装订包括：

- 日式装，页面对折后在非折边处线装。
- 螺柱装，也叫活页装，用螺柱和螺钉穿过一叠纸张上的装订孔装订。
- 折页书，由纸张连续折叠形成，首尾或加封面封底；可以向外展开。
- 立体书，各种包含立体或可活动机关的书籍的统称；核心是通过翻动页面、拉动纸片或转动纸轮让书本“动起来”。

盒子和带拉链的外壳也很流行。其中包括：

- 对开文件盒，一体化设计，打开可摊平，里面的文件一目了然。
- 分体托盘盒，两部分叠合而成，可以用于馈赠或保存。
- 文件夹，可以装少量纸张或印刷品。

3.12　眯眼测试

下面用眯眼测试来评价你的作品集构成。这是评估你整个设计效果的一种相当快速有效的方法。这个测试能够减小细节、关注大尺度的对比效果。它让你能够直接看到设计的宏观形态，从“正空间”和“负空间”的角度进行评价。它的优势在于抽象，因为它能把复杂的一切还原成最基本的本质：对应、律动、张弛、线条、留白、焦点。

你也可以邀请别人帮忙评价你的作品。他 / 她或许会注意到你缺失的内容或是得到在你设计意图之外的推断。仔细考虑他们的意见和建议。我们常会对自己的作品护短，但如果我们想通过设计同读者交流，我们就必须为他们而设计。这些建议并不总是对的，但也不都是错的。借他人之眼审视自己的作品会给你新的视角，甚至是奇思妙想。

当然，什么也不能取代你自己（有经验的）眼光和你的直觉。

3.13　在线作品集的附加工具

PDF 文件

PDF 文件常用于网络作品集的超链接，作为 HTML 语言的补充。文件由 Adobe Acrobat 程序生成，可以获取和保持任何文档的所有字体、格式、图像和色彩信息，不论文档是用什么软件或是操作系统创建的。你可以从网上下载免费的 Acrobat Reader 软件来查看或打印 PDF 文件。PDF 格式的便捷之处在于不论你使用任何程序，只要把“打印机”设置为“PDF Writer”，然后打印，就可以生成 PDF 文件。

音频文件

音频组件可分为演说（或对话）、乐曲和音效三大类。就像其他所有设计元素一样，音频层也必须支撑而不是分散主旨，因为你可以加入音频并不意味着你必须这样做。

音频编辑设计软件应该被有目的地广泛使用。当你完成音频录制后，就可以将文件拖拽到你的网页上。需要注意的是，因为音频必须被存储为一个文件，很有可能一段音频会不停地重复播放，造成恼人的后果。

视频片段

制作精良的视频片段，尤其是 3D 建模的视频可以令你的网络作品集增色不少。视频的优势在于可以层层叠加音频、视频、图像和文字。最好尽可能的使用便于电脑操作的数码摄像机，因为数码视频和胶片电影一样，是由众多高清的画面组成的。通常来说，视频每秒需 30 帧，但在网络上，每秒 10-15 帧视频即可呈现，虽然动作和画面可能会有些跳跃。视频必须被压缩保存为 Quick Time 的 MOV 或者 MPEG 格式才可以在网上播出。如果你想编辑视频，给视频加上音轨、特效，制作标题等，相应的软件工具是必需的。最重要的一点是要使你的视频尽可能的简短，因为与长视频相比，短视频可以给人带来更好的观看体验。

模拟动画

动画和模拟 3D 环境可以给观众带来传统作品集无法比拟的观看体验。多媒体工具使得你可以用照片和电脑模型创造出 360° 的三维全景，并可以全面地检视任何一个对象。根据拍摄镜头的不同焦距，制作出三维全景需要 12-18 张图片。

3.14 案例研究

萨姆·谢迈耶夫（Sam Chermayeff），凯瑟琳·纽厄尔（Cathlyn Newell），Openshop 工作室，佩尔·奥弗顿事务所（PellOverton），希拉里·桑普尔（Hilary Sample）的作品集各自有着不同的意图、形式、风格、背景和目标。但他们都以一种有组织的、易读的方式去呈现信息。其中有些作品集是严格的线性结构，有些则带有分支或小标题。总体的设计可能有很多部分，但所有这些部分都围绕着中心主题。

萨姆·谢迈耶夫（Sam Chermayeff）尝试控制观众阅读的节奏。通过从宏观到微观视角的持续变换，他创造了一种独特的视觉节奏。尺度的变化使得他的作品集富有戏剧性，并突出了他设计的灵活性。

凯瑟琳·纽厄尔（Cathlyn Newell）的作品集布局注重比例和尺度相互关联的问题。每种关联都源自相同的逻辑：从一般到特殊，从宏观到微观，从基本的轮廓到细节的阐释。

Openshop工作室几乎整合了所有可采用的媒介去吸引最广大的观众群体，甚至利用已经过时了的媒介，以表现其所谓包容性与有趣性。他们的作品集设计清晰明确，完全没有专业术语。统一的作品集尺寸，配上个性化的封面——通常是被放大裁切后的某种纹理的特写。

佩尔·奥弗顿事务所（Pell Overton）的作品集以趣味性著称，却又不失严谨的结构和调查。为了便于派发，他们通常做成小册子的形式。这些迷你的作品集本身即是非常出色的设计作品，体现了公司取得的成就和当前的关注点。

希拉里·桑普尔（Hilary Sample）会首先处理那些大的问题。在页面布局上，常使用抽象的几何形状来划分大的板块，这也是除了网格状布局外另一种布局方式。通过建立这种几何关系，大的问题得以最先解决，然后再处理缩放、裁剪、字体等小的问题。

萨姆·谢迈耶夫
(Sam Chermayeff)

1. 你如何形容你制作作品集的过程?

就好比音乐创作一样，我会非常认真地去思考声音在哪里应该渐强，哪里应该有和声。

2. 你会把你的作品集当成自己工作的总结和存档吗?

作品集的确是一个总结的过程。制作作品集最重要的一点就是，它提醒我作为一名设计师，去思考下一步该做什么，我很珍惜这个机会。

3. 你是根据协调统一和有意义的反差对比去组织作品集的吗?

我更多地是根据图像去组织作品集，而不是内容。这可以通过任何线索，比如:小－小－大－大,或彩色－彩色－黑白－黑白，或聚集－分散－分散。

我们的作品集一方面要有自己的主线发展，一方面要能引人入胜，尤其是要能吸引那些根本谈不上阅读或者理解、只是目光不经意间掠过我们作品集的读者。因此我在作品集里制造高潮与低谷，并反复推敲在哪里应该设置宏观视角、哪里设置微观视角，正是这些高低起伏的节奏和设置决定了一个作品集的呈现效果。

4. 你的作品集以图像为主还是以文字为主?

我的作品集里虽然有一些基于文字的解释，但整体是以图像为主的。我并不指望读者会去阅读那些文字。可以说，或许没有人会真正去读的文字，只是作品集图像的一部分而已。

从另一个角度来说，作品集和书是不一样的，书需要读者去用心阅读，作品集却需要人在不阅读的情况下也能理解。

5. 你的作品集是由设计主导还是由项目主导?

虽然是由不同项目所组成，但我的作品集是由设计主导的。我渴望利用项目中的图像和文字创造出动人的韵律，也因此确定了作品集的结构和风格。而设计的难题就在于其中的格调和变化，这是引人注目的关键。

6. 你如何衡量作品集的有效性?

多年来我做了很多的作品集，每个作品集都有特定的目标。其中有成功，也有失败。能否实现预定目标也许是检验作品集有效性的唯一方法。好的作品集自然能有效地达到预期效果。此外，判断作品集有效性的另一种途径应该是自己享受作品集的程度及时间。我最近的一个作品集是在 5 年前制作的，当时自己非常喜欢。1 年后我却觉得它非常的不堪，此后我就把它当成自己早年的一个有趣快照。

THIS IS MY MOST RECENT PORTFOLIO, LEFT TO RIGHT STARTING WITH THE COVER. NO TEMPLATE.

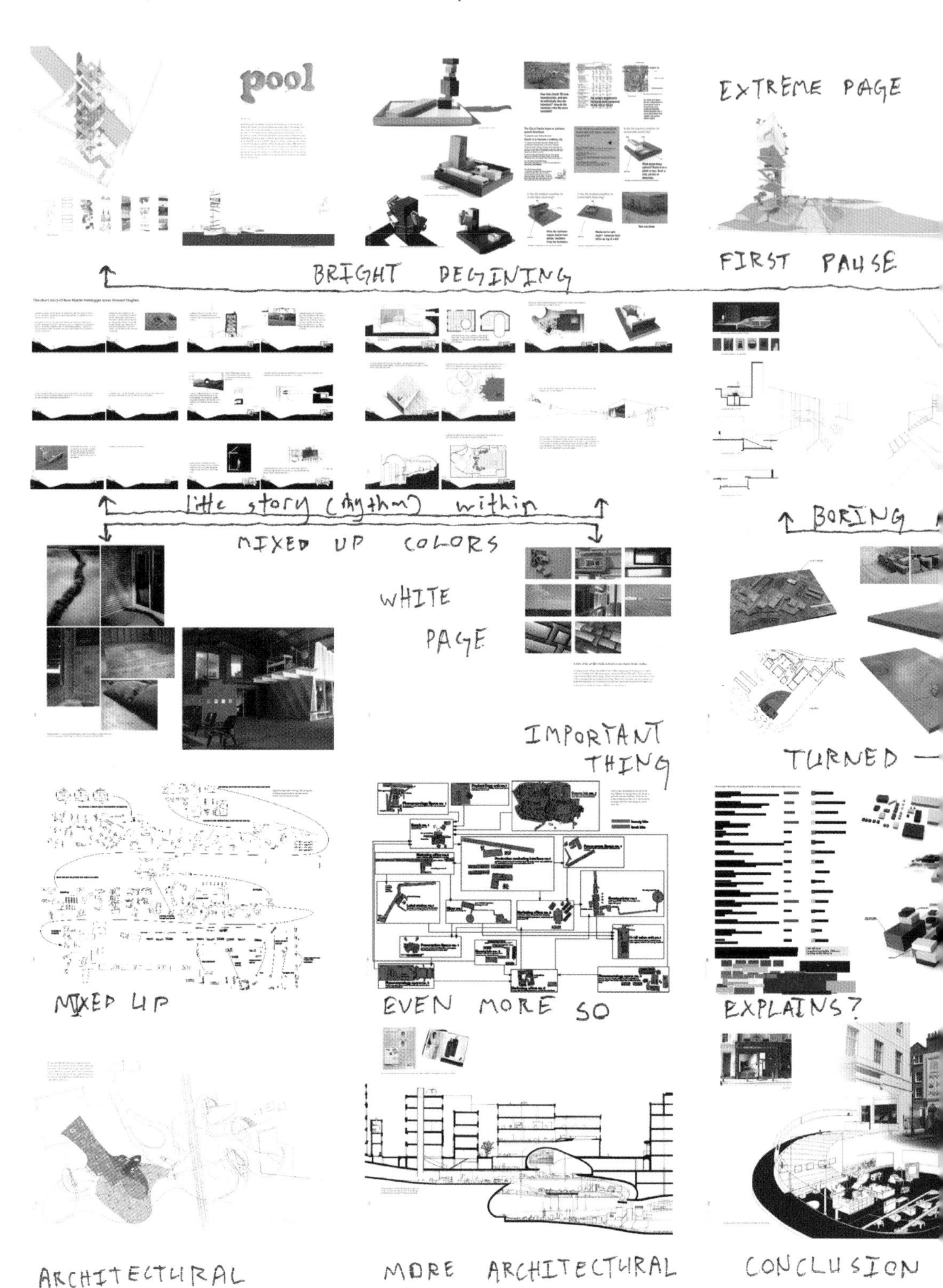

I'VE TRIED TO IMAGINE THIS SPREAD AS A VISUAL SCORE. I'VE LOOKED AT FORM RATHER THAN CONTENT.

A SETTING TO HOLD THE READER.
PAUSES ARE IMPORTANT IN A PORTFOLIO. MINE, AS SEEN ON THE PREVIOUS SPREAD IS FAIRLY EXUBERANT THROUGHOUT BUT HAS SEVERAL BREAKS. THE GENERAL STATE IS MUCH LIKE THIS SPREAD.

A STARTING POINT THIS IS AN EXAMPLE OF INTUITION
ING PRECEDENCE OVER RATIONALITY, FROM HERE A RHYTHM
EMERGE.

THE TWO PAGES BELOW ARE THE BREAKS. THEY
MAKE THE READER STOP, IF ONLY FOR AN INSTANT.
FOR ME THESE ARE THE TWO MOST IMPORTANT
SPREADS. THEIR CONTRAST FROM THE REST DEFINES
THE RHYTHM.

FINGER FOR SCALE

凯瑟琳·纽厄尔（Cathlyn Newell）

策略

这个作品集是申请 SOM 基金会奖和旅行奖学金的主要参考材料，这个奖项是为建筑、设计和城市设计专业人士设立的。考虑到丰厚的奖金和将近一年的游学机会，总体的策略是把作品集打造成相互关联而丰富多样的研究组成的主体，这些研究都基于一个更大的整体主题——这一主题将在申请的游学过程中继续。因此每个项目被选取时，既是个人兴趣和方法的结合，也是总体趋势和过往研究的证明。

基金会要求（或者说更青睐）提交的成果用 3 环装订。目的是便于页面重新拆装，抑或是为了避免此类竞赛中常出现的怪异的包装或是无节制的封面装饰，从而让作品本身得到充分的表达。

制作

由于对打印线宽、颜色和纹理极度挑剔，我决定自己打印页面，以便能根据需要随时调整和重新打印。本来已经有一些文件和很大的复杂图表文件，我在它们的整体结构和细节的基础上，使用 Adobe Illustrator 和 InDesign 软件来进行调整和整合。作品用一台爱普生喷墨打印机打印在亚光相纸上。我最终从网上买了 11mm×17mm 的装订环——带有难以描述的亚光黑表面，这种装订环在街角商店很难找到。制作过程的最后，我将打印出来的参赛编码粘到封面上，利用编码作为一个简单的记号和身份标志。

建议

- 如果连你自己都不喜欢自己的作品集，那么没人会喜欢它。要学会充分展现你自己的视觉风格和个性。
- 建立一种贯穿作品集始终的格式和美感。虽然为了体现每个项目的不同特点可以适当打破常规，但绘图技巧的坚实支撑会使得各项目能凝聚为一个整体。
- 要了解你的观众。作品集的布局要使得那些不了解你的作品的人，能快速轻易地分清不同项目或部分的始末，以及它们相互间是如何联系的。
- 注重印刷质量、外观颜色以及易读性,这可能会非常耗时,但意义重大。

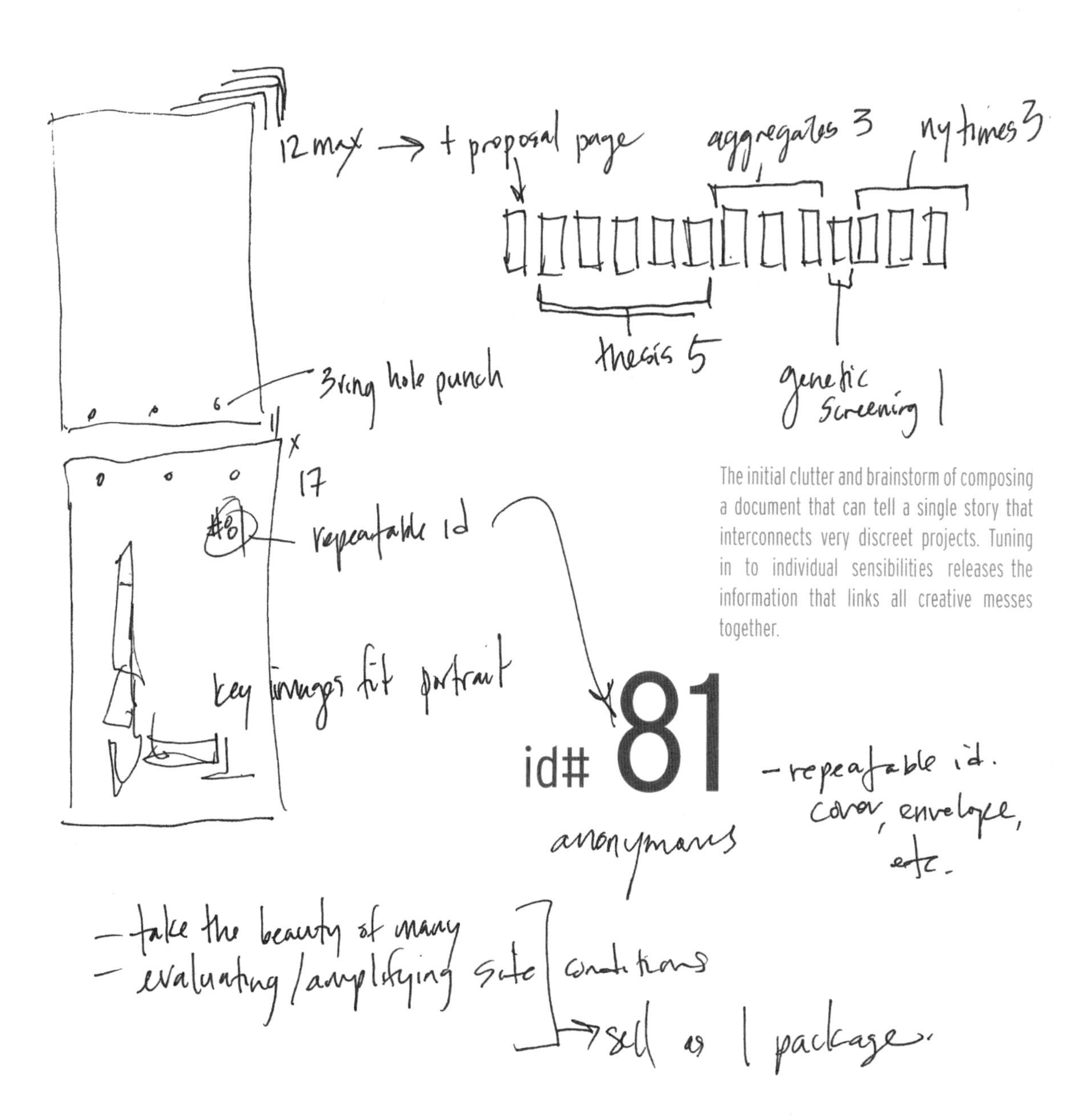

The initial clutter and brainstorm of composing a document that can tell a single story that interconnects very discreet projects. Tuning in to individual sensibilities releases the information that links all creative messes together.

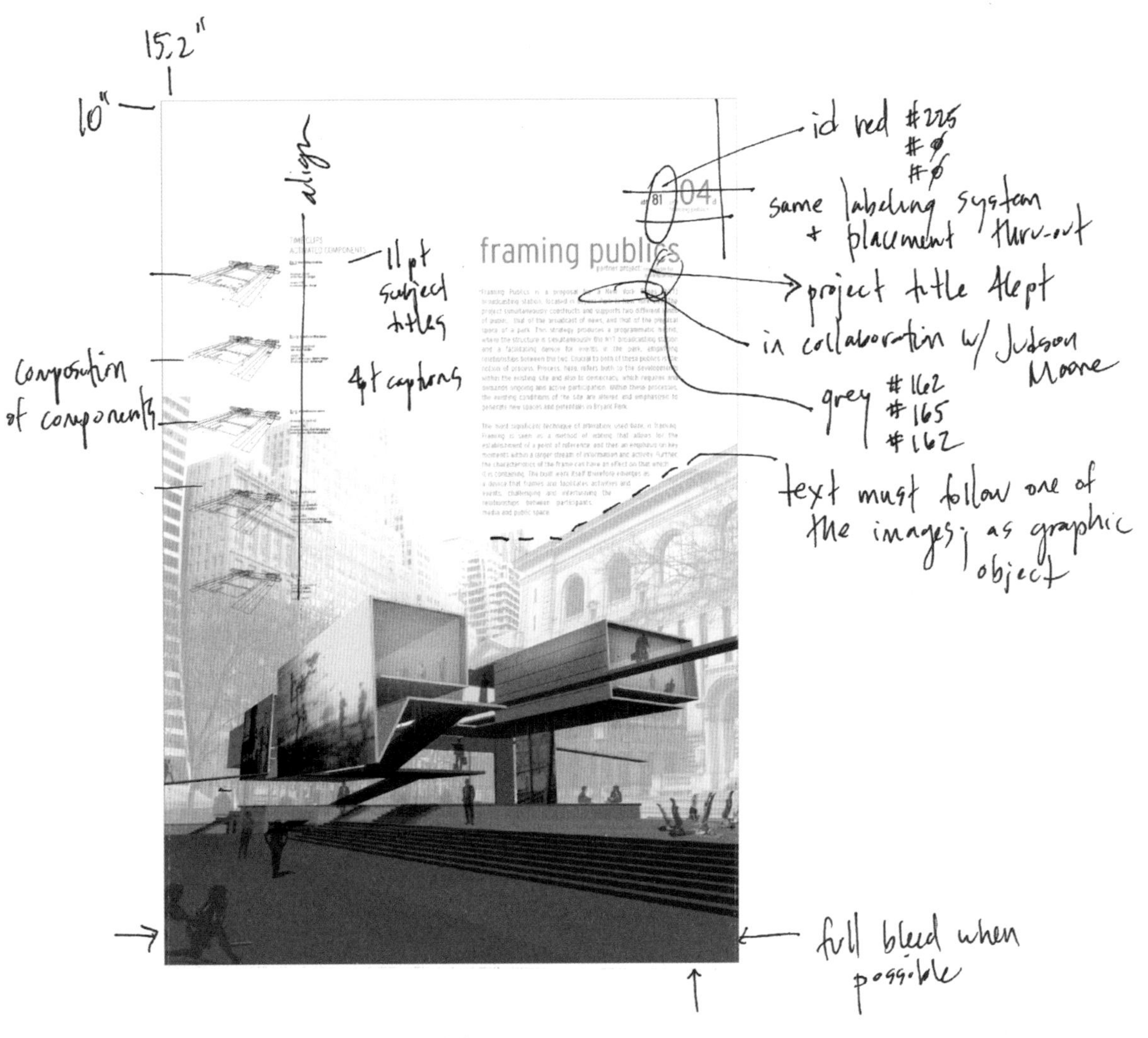

The composition of each page must tell a focused and direct story of the project at hand. However, graphical links and patterns stitch an entire set of works together.

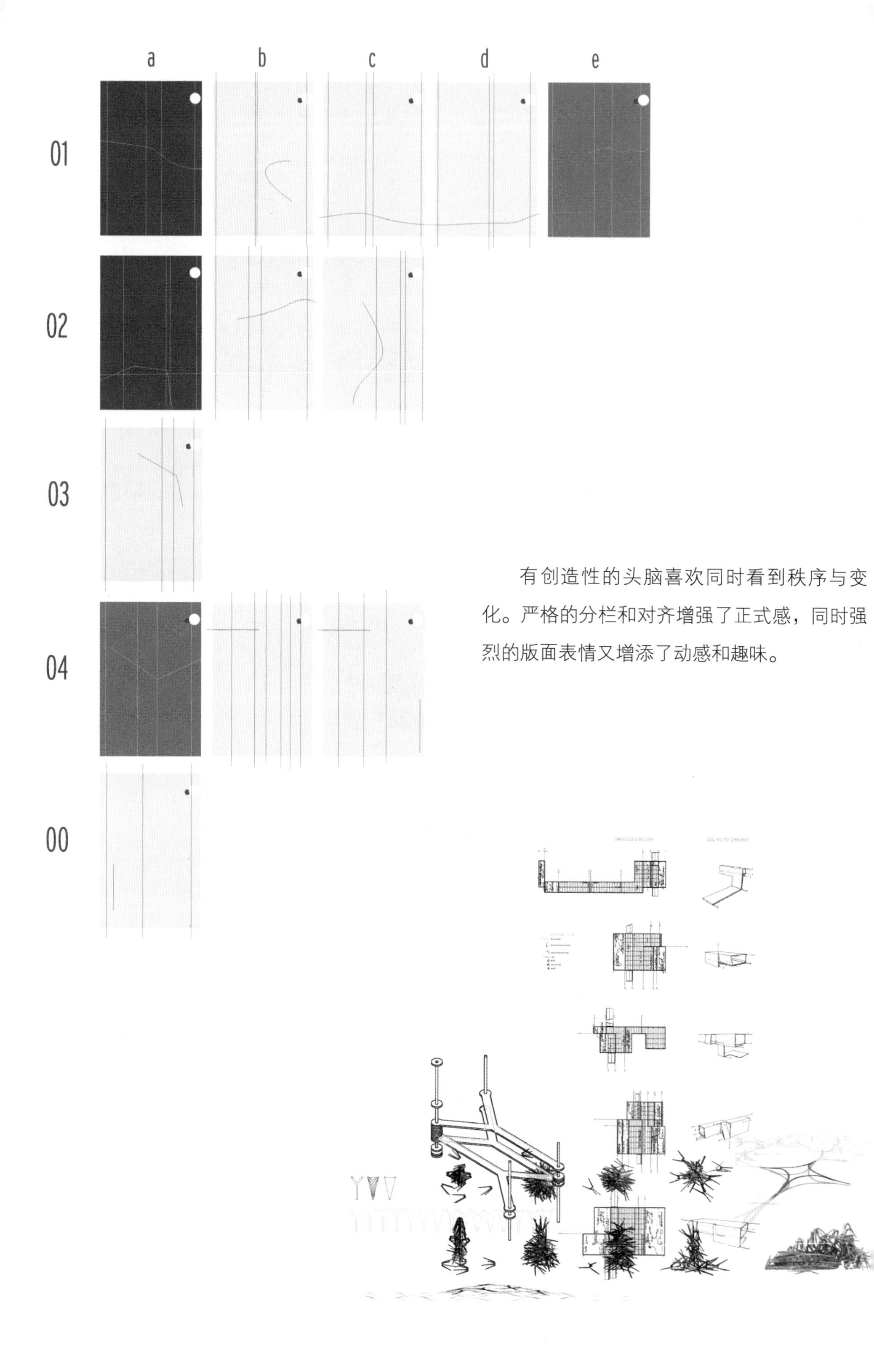

有创造性的头脑喜欢同时看到秩序与变化。严格的分栏和对齐增强了正式感，同时强烈的版面表情又增添了动感和趣味。

a　b　c　d　e

论题 01
场地分析

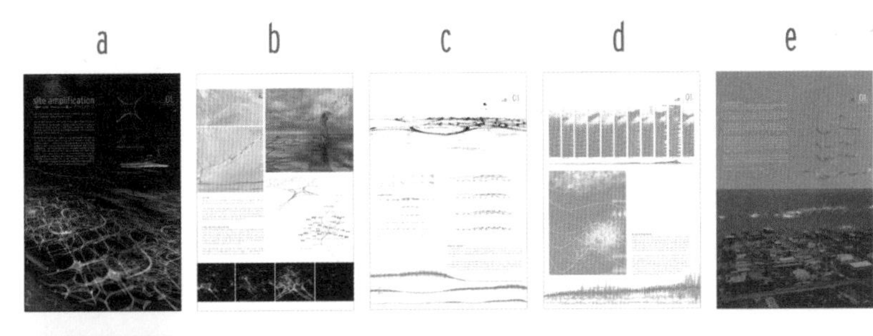

建造 02
集合体

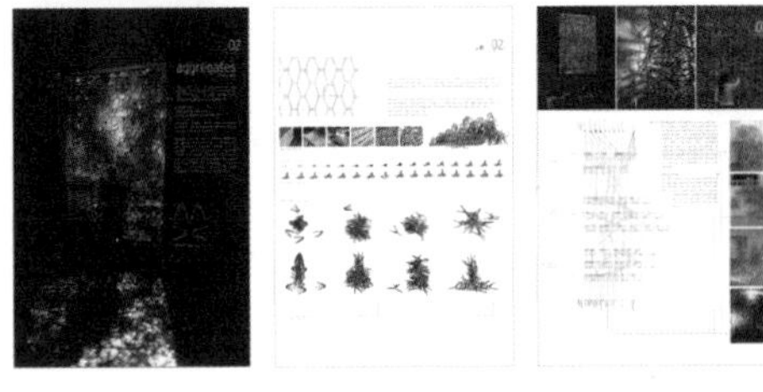

编程 03
基因筛选

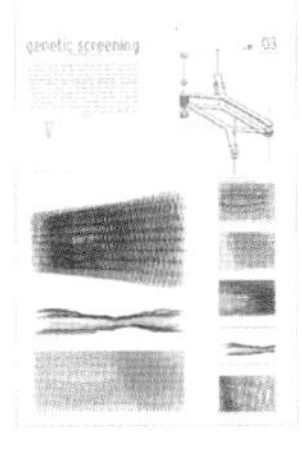

筑设计 04
筑公共空间

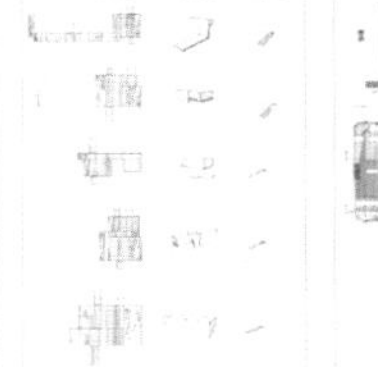

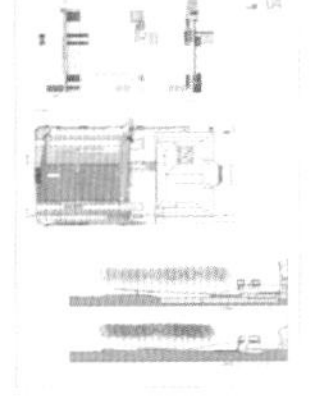

申请 00
行程计划

考虑到这个作品集是申请一个游学奖学金的重要基础，其关键是将作品表现成想要论证一个伟大想法的一个整体，这一想法已经通过不同方式和尺度进行了探索并且仍有提高的空间。同时，同样重要的是展现出通过游学和相应的研究等努力为建筑领域做贡献的意图。

SOM 基金会也制定了限制条件，不过这可以成为思考的出发点。当时有个要求是页面尺寸确定为 11cm×17cm。回顾已有的图片、拼贴和文件，由于作品中的关键图片是竖版，于是竖排版就变得无可置疑。另一个要求是用三环装订，也就减少了在装订方式和封面样式上的纠结，而重视让每一页都得到充分表达。这些限制，再加上最多 12 页的标准，要求每一页都认真编排，实际上避免了对页面的浪费。每个项目的比重通过研究和讨论进行仔细衡量，后期编排则根据图面和重要性而非时间顺序。

这个作品集后来也用作其他的展示，所以页数有所增加。

新页面 +
增加 + 更新

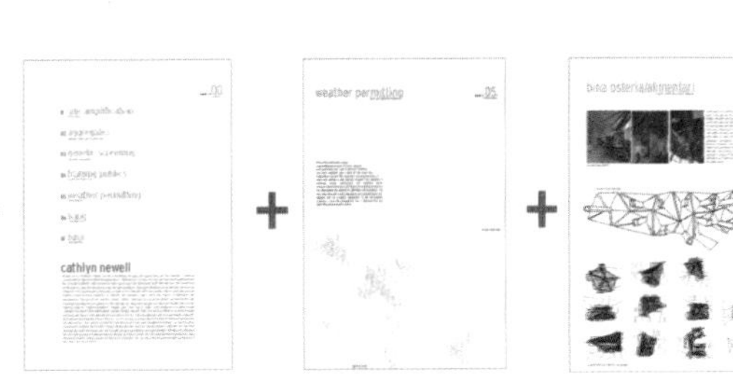

Openshop 工作室

策略

我们的作品集是由一个个工作手册组成的，每个工作手册都浓缩了一个设计项目的过程始末。工作手册往往被视为 Openshop 运作的工作文件。一方面它们服务于内部沟通，一方面也向外部的客户、同行以及任何对此感兴趣的人传递信息。因此我们不停的改变、发展我们的作品集，以使得它能被更多的媒介和观众所接触。事实上，我们刚刚完成一个作品集，是呈现在用过时的 iPod 以及 iPhone 操控的一台旧电视上。

制作

我们采用各种可能的媒介来进行制作，每一个作品都会同时从 3D、素描、电子表格、模型、实体模型等角度去考虑。

建议

给作品集制作的建议总是很微妙的，因为它是对于“你是谁、是什么”的一种非常个人的表达。所以我们的建议是尽可能准确的表达出“你是什么”，最关键的是“准确”。另外，最好别做成那种传统的建筑师作品集——建筑师似乎只擅长与建筑师交流，要尽量雅俗共赏。

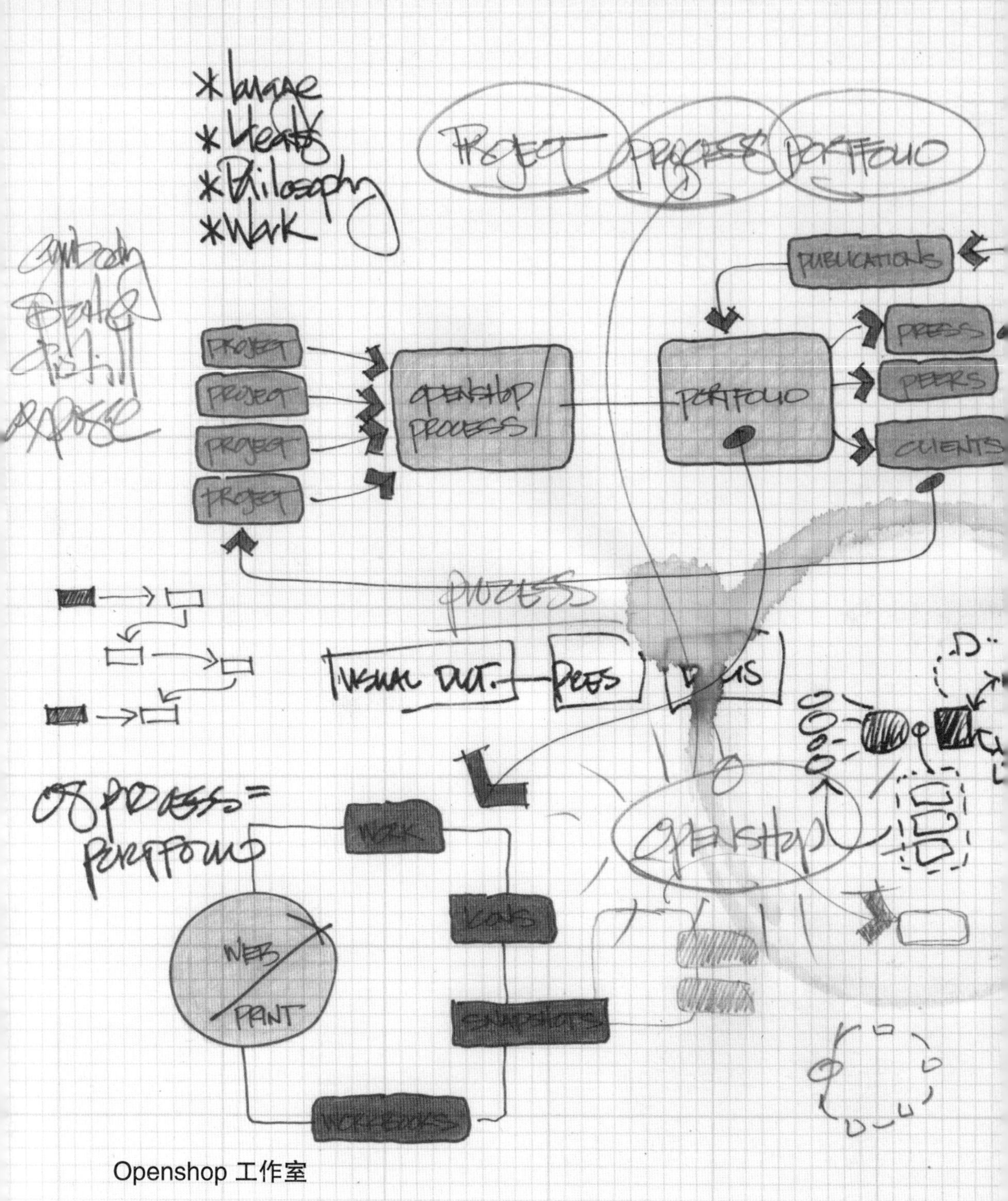

Openshop 工作室

推动 Openshop 发展的核心在于，将每一个问题都变成一种观点、进而形成一种解决方法的过程。在 Openshop，两个搭档互相吸收各自的观点以及客户的需要，从而形成新的想法。每个项目都是通过这样的方法去寻求独特的方案。正因如此，作品内容以及过程本身总是处于不断的变化中。Openshop 作品集的创意类似于一种生态学，各种元素不断地生长、进化，从而反映出一个不断前进的世界观。不论是网络或印刷，作品的各种元素以不同方式进行整合，循环反馈，讲述着 Openshop 的故事。

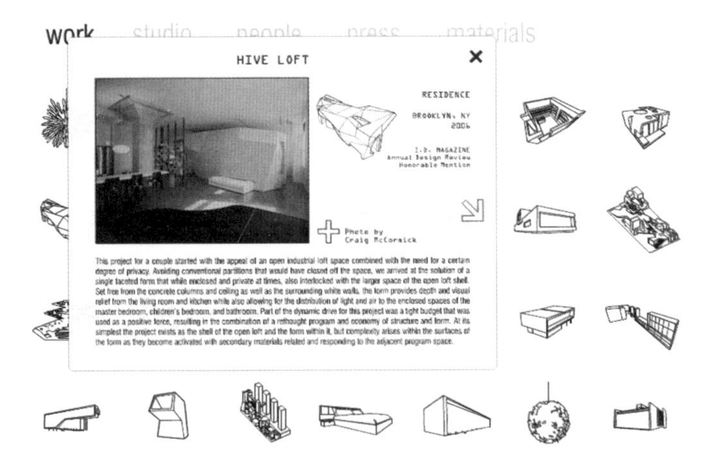

WEB/ICONS/SNAPSHOTS

PRINT/WORKBOOKS

剖析工作手册

工作手册是作品集系统的基本单元。它是对一个项目事实、经过直到最终完成的回顾。它的目的既是记录又是展示，它是作为向潜在客户、媒体和同行展示作品全貌的一个平台。其中要素的传播范围超越了工作手册本身，会扩散到网站或再分配到特定的市场。

虽然每本工作手册是为了充分展示某个特定项目而制作，但它们有着构成其结构性基础的基本元素，这使得这套工作手册能够代表 Openshop 的视野和观点。

Cover

An axonometric logo is paired with a name for each project. It is used on workbooks and in the web site to access and identify the individual works. Each workbook is also covered with a detailed image of a material that best personifies the project.

Data

Basic project data is presented in conjunction with an iconic image and a general statement that positions the project.

Process

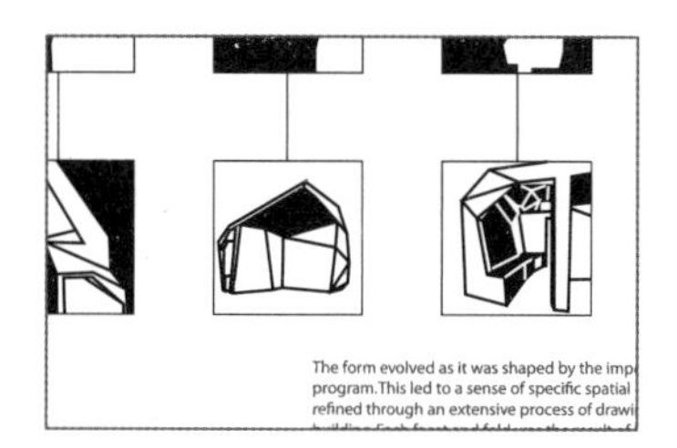

A selection of the conceptual work that led to the project conception is represented to re-present the design process. This is accompanied by an anecdotal text flow in red at the bottom of the page that offers insight into the source of many of the design decisions.

Selected pages from Hive Loft:

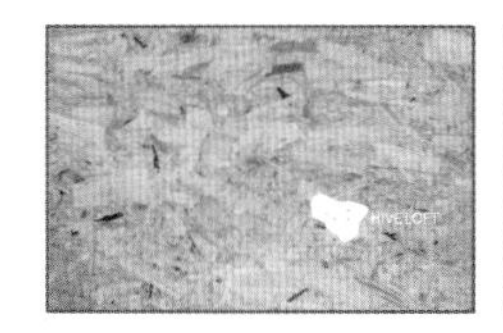
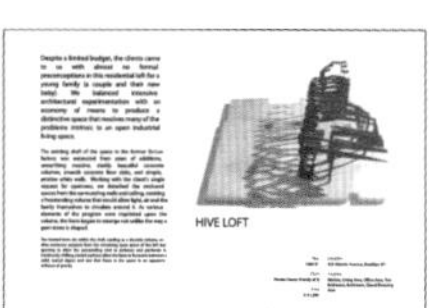
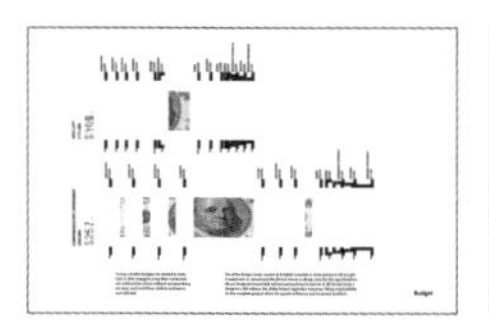
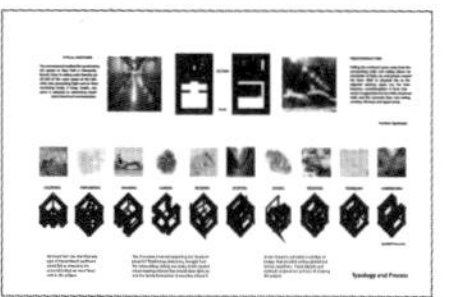
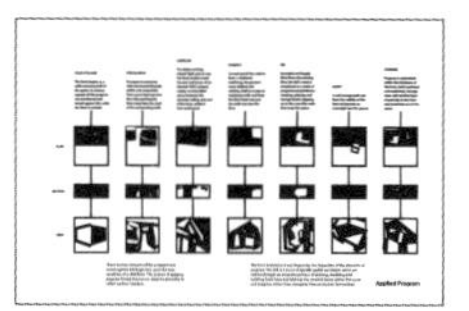

Cover　Data　Process

Documentation

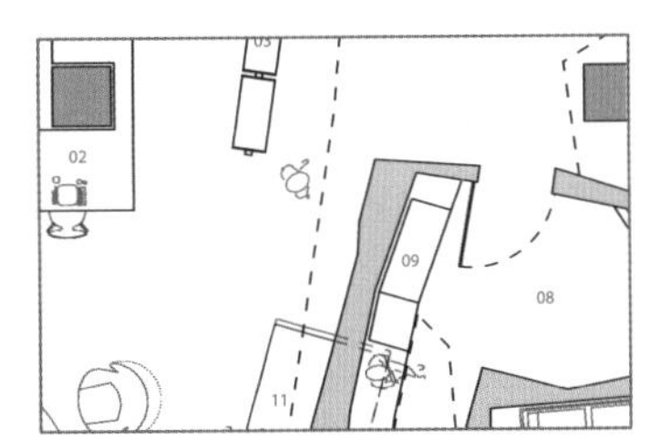

Plans, sections, elevations, etc. show the project in basic architectural terms. This is the elemental representation that serves as a platform for understanding the intentions behind any project.

Construction

Photographic documentation of the construction process captures the concept becoming the object.

Photographs

Final photography is the definitive opportunity to see the whole and the parts working together. It is both a documentation of what was done and a chance to frame and summarize the work.

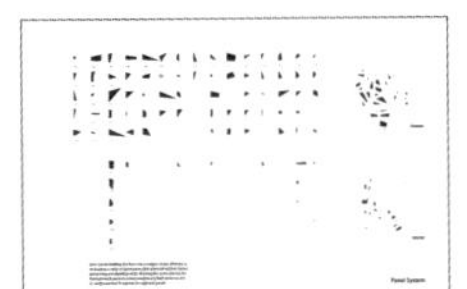

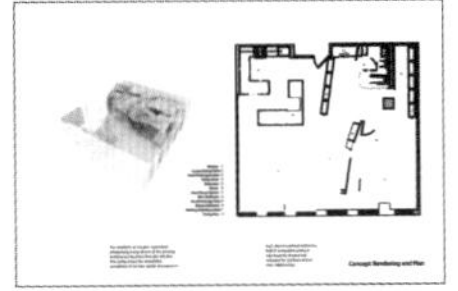

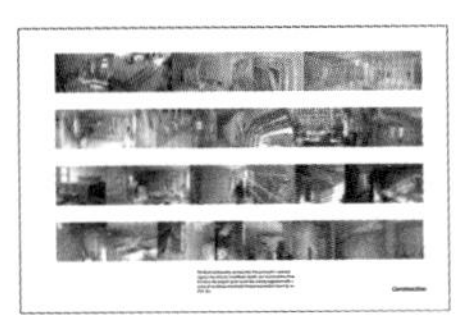

Documentation Construction Photographs

佩尔·奥弗顿事务所
(Pell Overton)

策略

在我们的事务所有两种类型的作品集。第一种是我们给客户展示的作品存档。这种作品集意在展示我们丰富的经验(项目类型、规模、工作环境),为了给并不专业的观众最大程度地留下最深刻的印象。因此,在这种形式的作品集里,作品通常不采用典型的表现方式。

另一种形式的作品集更像是一个正在进行中的项目:在不断变化的工作和研究中,体现出公司在理论追求和行动上的方向。我们不定期地用独立小册子的形式总结工作,这些小册子包含的一系列作品围绕一个特定主题。有时这些小册子是为了评奖或是参加竞赛而制作,但通常它们是我们当前工作的快照。在这个意义上,"作品集工程"是一个持续的工作,通过一系列类似现状报告的微型出版物来呈现。我们通常会大批量地制作这些小册子,并分发给同行以及其他我们认为可以一起讨论我们实践的人。

作品集的信息通过说明文字和项目展示得以清晰传达,这就要求建立一个决定性框架,借此不同项目的共同点可以被人所理解。这一框架通常采用自由的历史和理论背景;同时和项目本身一样,它试图表现严密的方法论——当然也不乏幽默与讽刺。

制作

我们用数码单反相机和图像软件来制作我们的作品集。

建议

实践证明，作品集并不是大型展板或者网页打印文件的缩小版。不同于网站或者大型图片墙，作品集是一本书，需要我们去想象它是如何被摆放在书架上，偶然间被人打开来阅读的。这关系到作品集的每一个方面，从图片尺寸、类型，到每个项目展示的结构层次，再到整本书的宏大叙述。事实上，选择用对页还是单页去表达内容将决定我们展示一个项目的方式。

pelloverton, New York (Ben Pell and Tate Overton)

At a time when many young practices are operating under the banner of 'multi-disciplinary' practice, we are interested in reaching outwards to find new ways to return to center.

This statement should not be confused with a retreat to architecture's disciplinary autonomy. On the contrary. Rather than branching-out or crossing-over, we attempt to identify sensibilities which architecture inherently and/or approximately shares with outside models. Terminology, techniques, and tools that might belong conventionally to graphic design (composition and content), industrial design (digital fabrication, mass and custom production), or textiles design (wallpaper, pattern, shape and fit) are adopted and assimilated into our practice, and instrumentalized to closely examine issues that are very much at the center of our own discipline.

The projects included here have each developed from an emerging methodology of reconnaissance - a loose genealogy of historical moments and cultural artifacts newly curated into a contextual tableau for our work. In all cases, the curatorial stitch is understood as one or more shared sensibilities; a lens through which we can reconsider architecture's fundamental assumptions. For example: converging template-based dressmaking with digital fabrication to pose a new relationship between home and body, or engaging the nature of architectural 'finish' as both spatial and programmable.

This approach has enabled our work to resonate with models both contemporary and historical, and with sartorial, landscaping, and visual traditions, among others. Rather than being 'multi-disciplinary', our practice benefits from a disciplinary resonance embedded within our process; one which establishes a conduit for ideas between parallel yet distinct disciplines of form and performance.

作品集对我们公司来说如同一
正在进行的项目，体现了我们设计
践的理论追求和不同的实践方向。
些探索不时地通过独立小册子来
结，这些小册子围绕某一特定主题
组织一系列项目。小册子是我们正
进行工作的快照，也常作为评奖材
和竞赛申请。作品集的信息通过说
文字（如左图）和项目展示来传达
这就要求建立一个决定性框架，借
不同项目的共同点可以被人所理解
这一框架通常采用自由的历史和理
背景；同时和项目本身一样，它试
表现严密的方法论以及对我们项目
实践的有趣认知。

cover

project image

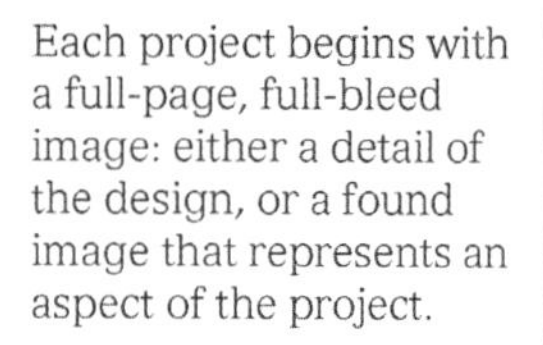

Each project begins with a full-page, full-bleed image: either a detail of the design, or a found image that represents an aspect of the project.

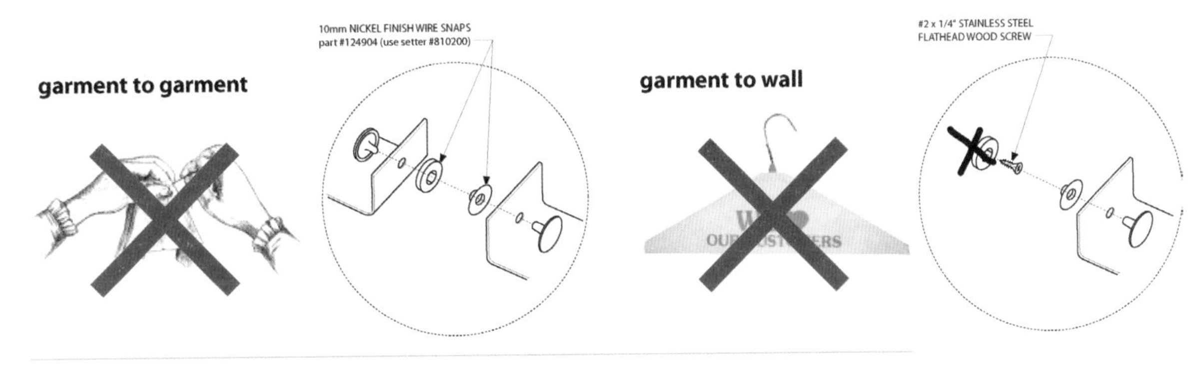

作品集里的图片有不同的作用：有时用来记录这些项目（平面、立面和剖面）；很多时候用来说明项目的未来面貌（模型照片、渲染图）；还有些时候作为分析工具，描述项目的概念及实际构成（分析图，如上所示）。

This installation was designed in response to an invitation to exhibit our work at a for-profit gallery on the Lower East Side. Rather than mounting models on pedestals and presentation drawings on the wall, we proposed an installation which could demonstrate our ongoing curiosity and exploration of atmosphere, surface, and fabrication. Looking to situate these pursuits within the context of a gallery which has traditionally shown paintings, we turned to the 19th century paintings of Caspar David Friedrich and Gustave Courbet, as well as 20th-century color field painting for models of similar sensibilities towards figure and field, surface and atmosphere. The result is an installation which attempts to generate visual and material affinities between the surfaces of the gallery, the work on view, and the occupants, essentially operating in two different modes, Passive and Aggressive.

graphic behavior

The Aggressive mode of the exhibit brings the figural qualities of the installation to the foreground through the deployment of four wall types - assembled, printed, planted, and reflective - which were allowed to overlap either visually or physically throughout the gallery to establish a sense of movement and a network of affinities. For example: peace lilies growing through the planted wall were reproduced as graphic patterns that would glow through the printed wall; the reflective finish stainless steel bar and folded planes of the dropped mylar ceiling would conflate the red glow of the printed wall with the textured surface of the assembled wall, as well as projecting the images of passersby on the street through the storefront and into the middle of the exhibition.

In its Passive mode, the installation serves as background for other activities and exhibits in the space by providing both mood and discrete shape to the long, narrow gallery. The installation re-conceives the gallery as two spaces, small and large, which can function separately or as a continuous and singular room, aiding the curation of different types of work or multiple shows running simultaneously in the gallery. The Passive mode of the exhibit also enables us to address in part the for-profit nature of the gallery: by providing a creative enclosure for activities like release parties, book launches, and other design-related celebrations, the installation becomes a catalyst for revenue; essentially acting as an elegant cocktail dress for the gallery - a conversation piece that is less about itself and more about generating mood in the room.

opposite: detail of model, view of installation through storefront

1. *Color Field Painting*, Philip Taaffe (1983)

2. *A Thicket of Deer at the Stream of Plaisir-Fontaine*, Gustave Courbet (1866)

3. *The Wreck of the Hope*, Caspar David Friedrich (1824)

passive aggressive

与反映项目全幅的项目介绍图片相对应的是项目说明文字。这段文字以对文化、历史和理论背景的说明开始，配以三到四幅与项目相关的图表。这些图不一定都在说明文字中提及，却能视觉化地描摹一个本来宽泛的领域，而这一领域就是我们项目所用的方法、形式或感觉的由来。

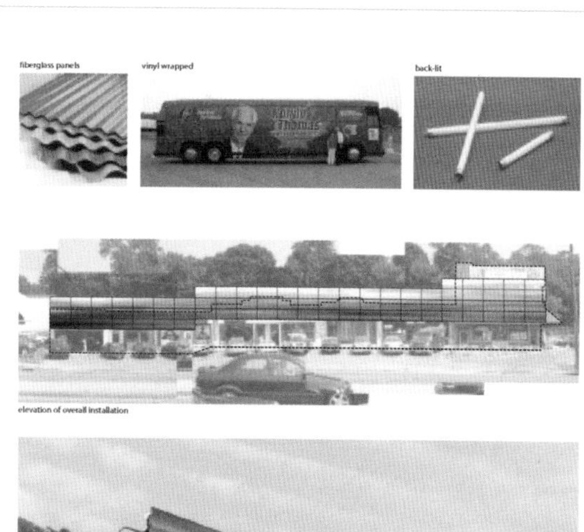

elevation of overall installation

image by day: a blurred view of Stamford from the eyes of a commuter

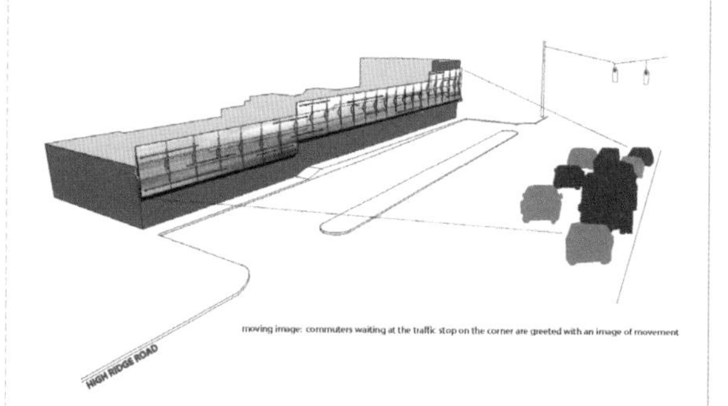

moving image: commuters waiting at the traffic stop on the corner are greeted with an image of movement

surface by night: fluorescent strips illuminate panels from behind to mimic movement of headlights below

每个项目大约用 6—10 页来展现，叙述了项目如何从组织和分析、发展到成果和经验的过程。

希拉里·桑普尔
(Hilary Sample)

策略

我们公司在制作模型、出效果图、绘图、制作影片和实体模型的同时，也为每个项目编辑一本图文手册或书籍，这些研究共同形成设计过程的整体。我在项目的不同阶段编辑这些册子，他们主要用作一种对项目进行推敲的批判性手段。这些作品集通常有明确的组织：开头、中间部分、结尾，而且通常有若干层次和一系列的说明图片。这一组织方式要求对作品目标的细致询问，以及从项目一开始就写好描述项目的文字。这段文字往往是作品集最难，而且最花时间的部分。这段说明文字我们会重写好几次、直到最后敲定。标题也常是我们花时间琢磨的内容。我们会将其图像化后置于封面上来测试效果。这一过程不是线性的，而是不断反复循环的，每本册子也都是通过打印、装订和编辑来不断修改的。每一页都充分考虑与整体架构以及其他页面的联系。作品集的架构也常常是在不断重复修订的过程中才形成的。每次反馈都使其更加精炼而严密。没有两本作品集看起来是一样的，也没有任何一种架构被重复使用。同样的过程被重复，但结果总是不同，每一册作品集都是独一无二的，我反对标准化格式。

制作

作品集的制作过程通常是一样的。分为六步：

1. 用 Adobe Indesign 软件将项目排版
2. 插入图片——通常需要新的图片，并且内容需要修改处理，一般是模型照片、分析图表、手绘线稿、电影剧照和数字渲染图
3. 插入文字
4. 原大尺打印
5. 修改
6. 重复以上步骤

建议

原大、彩色打印。

后派对时间，PS1 现代艺术馆，年轻建筑师项目，2009 年

这个项目被取名为 Afterparty（后派对时间），是年轻建筑师项目竞赛的申请。这一作品集被用作答辩时的展示，展示还包括模型、材料样品和施工图。作品集采用 11cm×17cm 格式的页面，还遵循一套排版的特殊规则：如页边距、标题、文字的位置和相互比例。作品集被分为三部分：封面及设计说明、设计、建造细部和预算。各部分间用黑底白体字分隔，作品集共 60 页。

概念模型

封面

透视图

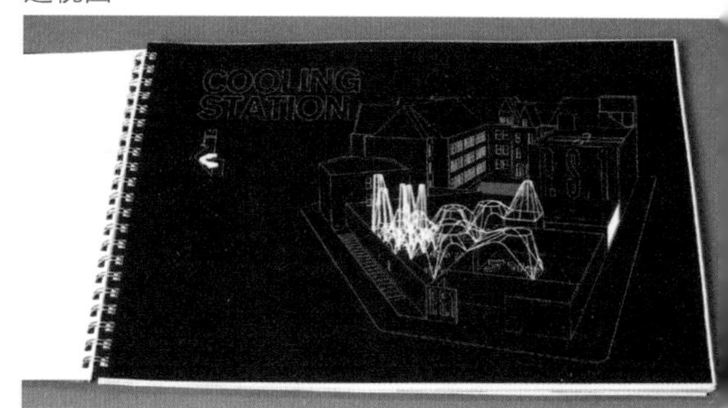

模型照片

分析图

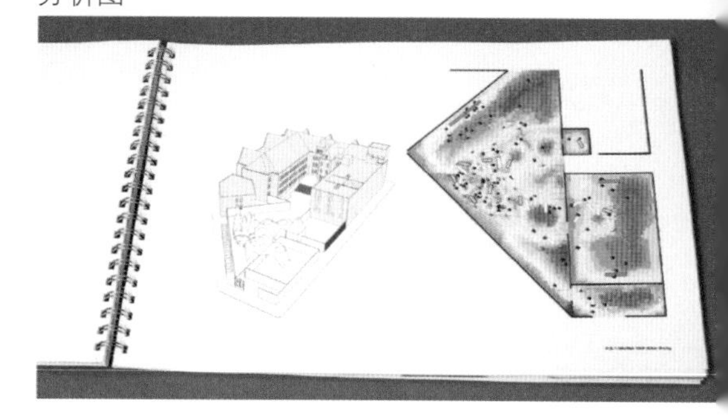

群岛，Marfa 舞厅，2008 年

艺术群岛”项目对于我们公司来说很特别，因为它结合了建筑和景观。作品集的挑战在于找一种方式来说明 8 英亩这么大的地段，同时还要展示免下车剧场大屏幕的图片。选出的如下，它们展示了设置在公园里的屏幕结构，并通过草图、渲染图和案例图片进行了进一明，最后一张图是实体模型照片及其图纸。

说明

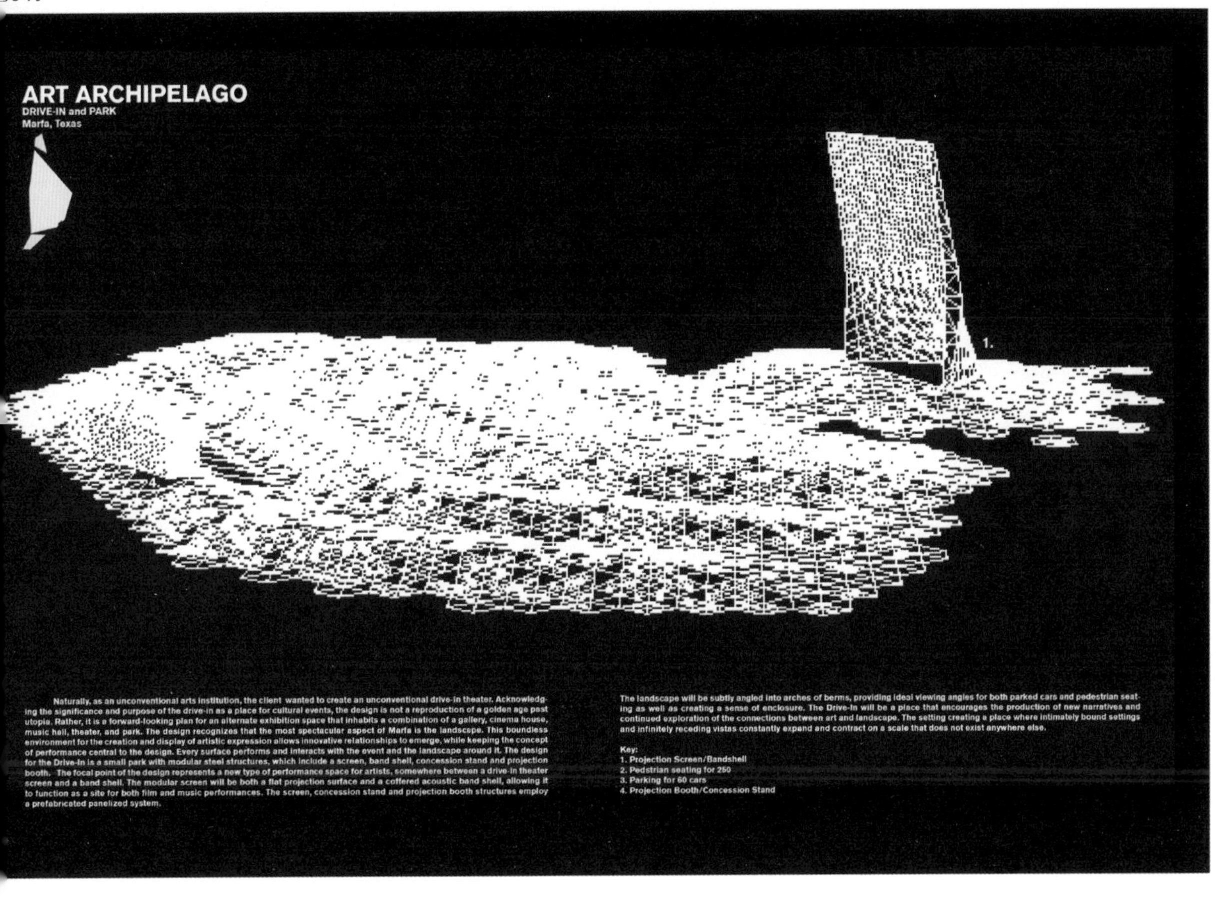

ART ARCHIPELAGO
DRIVE-IN and PARK
Marfa, Texas
1.
Naturally, as an unconventional arts institution, the client wanted to create an unconventional drive-in theater. Acknowledging the significance and purpose of the drive-in as a place for cultural events, the design is not a reproduction of a golden age past utopia. Rather, it is a forward-looking plan for an alternate exhibition space that inhabits a combination of a gallery, cinema house, music hall, theater, and park. The design recognizes that the most spectacular aspect of Marfa is the landscape. This boundless environment for the creation and display of artistic expression allows innovative relationships to emerge, while keeping the concept of performance central to the design. Every surface performs and interacts with the event and the landscape around it. The design for the Drive-In is a small park with modular steel structures, which include a screen, band shell, concession stand and projection booth. The focal point of the design represents a new type of performance space for artists, somewhere between a drive-in theater screen and a band shell. The modular screen will be both a flat projection surface and a coffered acoustic band shell, allowing it to function as a site for both film and music performances. The screen, concession stand and projection booth structures employ a prefabricated panelized system.
The landscape will be subtly angled into arches of berms, providing ideal viewing angles for both parked cars and pedestrian seating as well as creating a sense of enclosure. The Drive-In will be a place that encourages the production of new narratives and continued exploration of the connections between art and landscape. The setting creating a place where intimately bound settings and infinitely receding vistas constantly expand and contract on a scale that does not exist anywhere else.
Key:
1. Projection Screen/Bandshell
2. Pedstrian seating for 250
3. Parking for 60 cars
4. Projection Booth/Concession Stand

图

Drive-In and Band Shell

实体模型照片

环绕建筑，毕业设计项目，普林斯顿大学，2003 年

这一手册展示了学生毕业设计项目的想法。作品集展现了项目的所有方面，从对植物的研究、环境的分析，到
计方案的手绘和电子图纸及效果图。作品集的构成如下：地段说明（手绘图和地图），气候环境分析，项目分析和概
建筑形态研究和热活性表皮系统。作品集的特点是尺度上从宏观到微观，从城市到表皮细节。

透视渲染图

封底

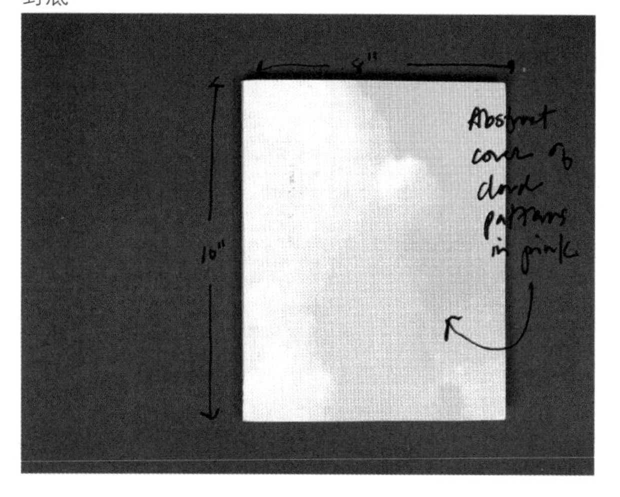

设计说明

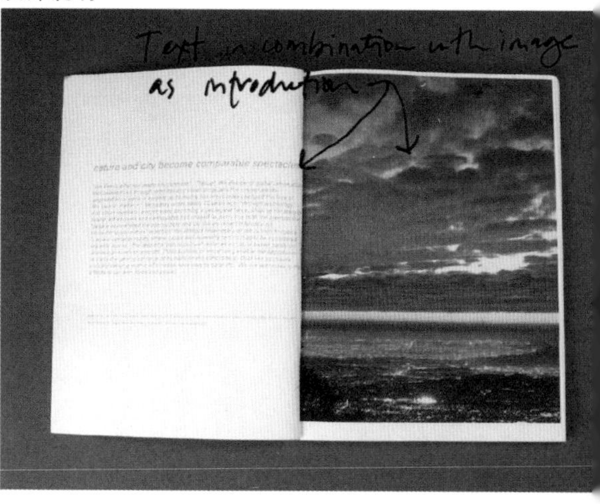

品集结构，研究项目，2003 年

这一作品集作为设计研究工具。它由重复的、根据内容划分的大方块构成。大的方块用作项目开头和结尾，而更细分的页面用以同时展现图片和描述性文字。

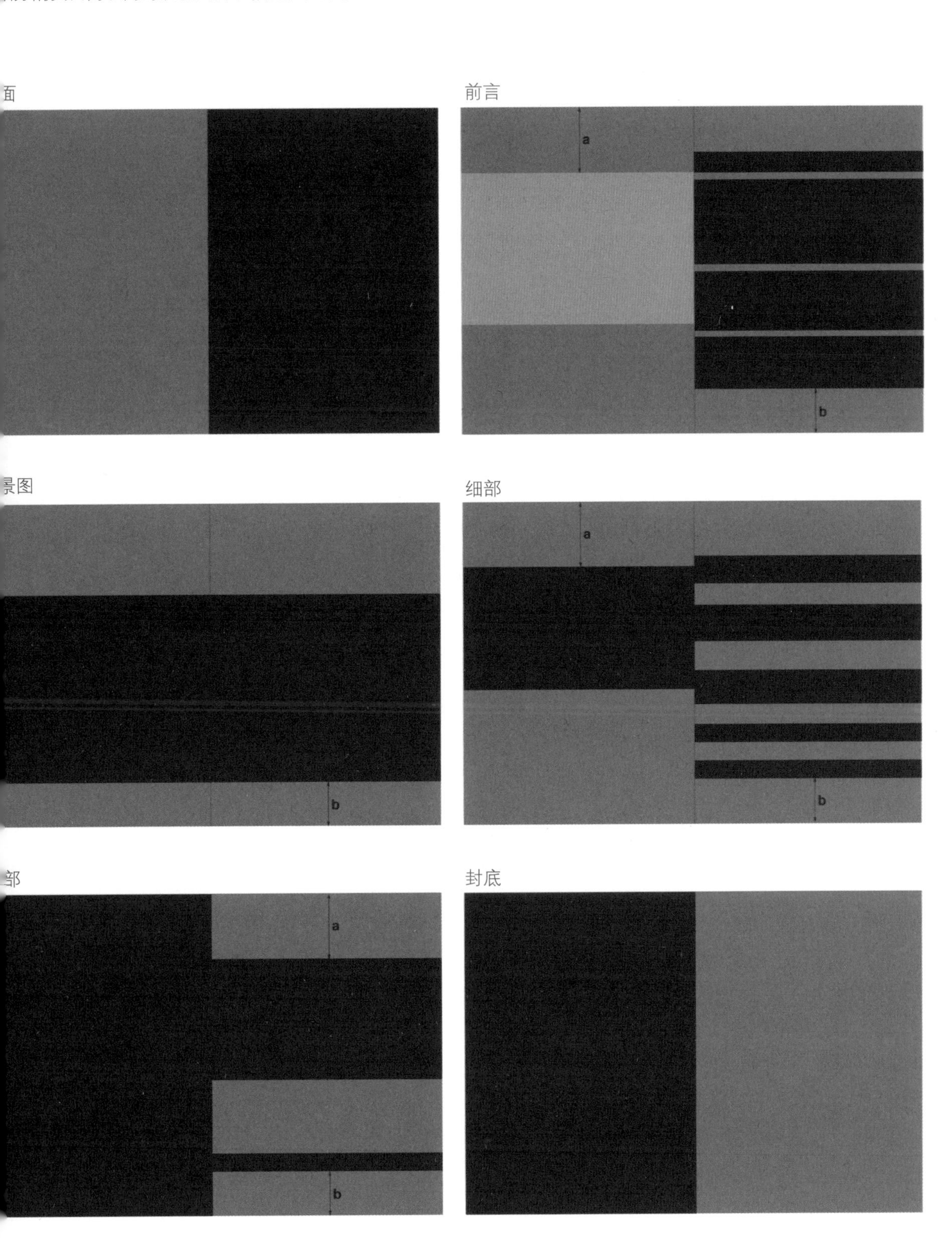

第四章

寄送、展示与推广

寄送、展示与推广

什么是推广？推广是联系、交换和对话，它包含着信息（以观念和实物的形式）的流通和价值的建立。作品集是一种推广工具，用来获得学术和职业方面的机会与经历。作品集的具体内容会变化，以反映作者当时的意图，这种意图依托于作者所理解的接受者的需求。推广同时也是一种转化的行为：将我们的兴趣、技能和特点转化为读者的语言。

4.1 建立人际网络

这项工作如今变成了表达存在或者是体现姿态——你用什么说法都可以。我们可以用很多种方式来尽可能的增大曝光度、存在感和接受度。尽可能多的出现在探测屏幕上。试着找到那些你所想要从事的行业内或行业外的人，使他们成为你的拥护者。是时候挖掘尽可能多的联系人了，有很多任何人都能利用的好机会。

在这些场合和人们会面：

- 工作室的开放日
- 商业展示会
- 自己发起的活动和展览
- 地方性的、全国性的和国际性的竞赛
- 招聘会
- 讲座
- 会议

培养以下这些联系：

- 媒体联系人
- 同事，指导者和以前的老师
- 已经建立联系的客户

考虑以下的活动：

- 和朋友们、发布者和博客等交换链接
- 发起或参加本地报纸和媒体关注的展览和活动（它们经常在网络报道中发布链接）
- 将你的网站提交给搜索引擎和网址大全
- 加入行业相关的论坛
- 参加公开讲座和招待会
- 订阅本专业的目录服务、讨论组和新闻组
- 向寻求内容的网站提交文章和新闻稿，确保这些文章中包含联系方式和网站链接
- 使用容易被搜索到的关键词、短语和元标签

- 和其他网站、网络分类目录、小众网站、在线新闻发布和评论建立联系
- 加入社交网络，写博客和 Twitter
- 参加专业行业会议

在以下方面进行研究：

- 建筑学以外的主题领域
- 校友会杂志
- 专业期刊

本地协会

- 网络搜索（一般的及特定的）
- 链接
- 目录服务器
- 许可目录

网络化的黄金法则是你参加任何会议都要至少被提及一次。

谈论

作为成功的建筑师，能够谈论自己的工作是你最重要的能力之一。我们创作一些看得见的想法，但我们也必须能够向其他人清楚地解释这些想法。准备几个关于你的工作、想法和追求的话题(最多不超过 5 个),这样你就随时能够简单而清晰地吸引别人。

4.2 获知型面试

不要害怕给吸引你的设计工作室、事务所和公司打电话或者写信。寻找一个真正吸引你的岗位是非常重要的。正确的提出要求（查明你应该跟谁联系，直接联系他或她是否恰当）可能给你带来一场获知型面试。在面试中你可以了解到公司的特点以及它究竟希望申请者具备什么能力。面试的首要目的是近距离的观察，但你也希望通过面试谈话实现一些其次的目的，包括：

- 寻找可能的工作机会
- 结交潜在的伙伴 / 支持者
- 锻炼你的交流和展示能力

主动提出疑问和意见

人们都很忙。要尊重他们的时间。查明他们在做什么，这样在寄送任何东西之前你就知道对他们来说你的工作是否合适。在打电话之前想好你要问什么，并写下来，只写一些要点就好。练习几次你的提纲就知道你确信自己想要说什么。要简洁、灵活、直接，并且容易理解，并用邮件跟进！

离开时留下复印稿和"感谢您的关注"的留言条

你应该至少有个高质量的复印或打印的小册子或者迷你的作品集，它可以作为你作品风格的体现和联系信息留给客户以作提醒。你可以把它附在作品集后，或者在拜访后和一个"感谢您的关注"留言条一起寄给客户。

邮寄尝试

将你作品的样例（单独的明信片，简短的宣传单）打印出来寄给朋友、同事、公司或者其他你想要吸引关注的人。这是一种便宜而有效的宣传方式，因为很简单而且有良好的可持续性。

4.3 寄送你的作品集

如果你的设计成果需要邮寄，那么它必须适合信封的尺寸，因此设计可能受到邮寄方式的影响。确定它符合邮寄标准，写好回邮地址的信封也要符合标准。

记住，每一件事都有意义。例如，带有线绕扣的黄色信封用于内部递送，暗示其中是工作相关文件 / 大量内容 / 以及其他"不受欢迎的"。确保包装结实并能保持你的作品集状态完好。优质板纸或薄卡纸都有利于防止纸质材料在运送过程中起皱。

最后一步直到你的作品集完好无损的到达目的地才完成。在你邮寄任何东西之前，做到以下这些：

- 确认邮寄地址无误，并且寄送到合适的人。
- 检查邮费、邮件跟踪查询系统和保险金额满足需要。
- 如果希望收件人寄回作品集，必须附带写有回邮地址的信封，并且包括足够的邮票（本地）或者国际回信邮资代价券。
- 确保你的回信地址在信封左上角。处理邮件的工作人员总是更喜欢打印的标签。手写也可以，但要采用非常容易辨认的字体。

- 很多寄件不会退回。在寄出希望取回的任何东西前，确保你清楚退回政策。
- 永远要提前测试你的标签。很多笔（尤其是水性笔）使用水溶性墨水，字迹暴露在潮湿环境或雨水中会晕染。
- 复印和打印墨水在潮湿情况下也会晕染。将透明胶带整齐裁边后平整粘贴覆盖在信封标签上。

准备好几种作品集

按不同用途准备几种作品集是很有用的：比如，一种普通作品集，一种重点关注技术的作品集，一种为个人客户定制的通用作品集。在这些作品集的基础上，根据客户的特殊需求增加几页内容，以补充在线的作品集网页。

4.4 面试

面试：一场双向的对话

面试可能由领导单独或和员工一起进行，或由一个管理人员组成的小组进行，有时候会和其他学生一起参加。每个工作室和机构的形式不同。面试时间通常是在 30 分钟左右。面试是一场双向的对话：对方想要了解你的技能和兴趣，而你也通常有机会提出问题来了解工作场所和设施情况。

未知因素

你只要想想你多快能了解一个人的个性和性格特点，就能知道潜在的客户、雇主和招生官（作为个人）会对你做出多么迅速和本能的回应。这是很自然的，也是穴居人或者建筑师想要生存下去所需的必要条件，这基本上是最重要的也是最不可控的变量。

反馈

在选拔或面试过程中，最后询问对方的意见（如果你没有获得这个工作）。这需要一种洒脱的勇气——但如果对方在回应时出于真诚的兴趣，这种交流将指出你的想法和实际效果间的差距，使你获益匪浅。面试官可能进一步地因为这种新的对话而重新对面前的面试者产生不同的认识。回顾关于你作品集的反馈将帮助你提升未来设计作品的品质，这是面试过程的最后一步，也是新的作品集的第一步。

4.5 评价作品集的成功

“恭喜您。您已经被录取了。”“您获得了这个职位。”这是我们希望听到和看到的结果。我们带着强烈的满足甚至敬畏看待自己的作品集。它显然已经完成了自己的工作。这是一个成功。相反地，如果结果是“我们遗憾的通知您……”，那么作品集失败了。

评价一个作品集是否成功取决于它的定义和用途（根据我们当时的需求存在很多方式）。作为一生都在自我反思的、投身于难以预料的建筑实践的从业者，我们有理由将读者的回应和自己的评价相融合，来总体评价我们的作品集。

作品集里面内在的学习过程是在一系列工作过程中产生的。每一个作品集解决特定的问题，并提出要在下一个作品集中处理什么问题。

从这种角度来看，作品集的成功可以这样评价：它以怎样的方式让我们能够去实验、去评价，并从错误中学习，最终积累经验。

考虑成功的依据：

- 学到了什么？
- 接下来会做什么？
- 以后的作品集有什么可能的结果？
- 获得的知识有什么作用？
- 它们如何融合在一起？

保持热情并坚持不懈

即便你没有得到这份工作，也要和公司或部门经理保持联络。这样的话，下次再有机会的时候你就在候选人名单的前列。至少你也能建立一份关系。此外，一份新工作的前 30 天总是比较困难。最后，准备备选计划以防被拒绝。“失败是成功之母”，利用被拒绝的东西制订积极的计划来帮助实现你的梦想。

4.6 案例研究

这一章的案例研究包括 DnA_Beijing 事务所、CEBRA 事务所、NEX 事务所的艾伦·登普西（Alan Dempsey）、盖奇 / 克列孟梭事务所（Gage / Clemenceau），以及 Kawamura-Ganjavian 工作室，它们用真凭实据生动地证明了展示公司设计实践的深度可以解决的问题。这些作品集的深度超越了仅仅讨论一个话题。在高度竞争的全球市场，它们是自我展示和自我提升的催化剂。DnA_Beijing 的展示哲学，强调不浮夸的、简单的、直接的观察。对他们与客户的对话来说，每一个作品的质感都至关重要。

CEBRA 的方法简单而直接，就是通过设计为读者提供简单的阅读体验。它们的作品集几乎完全是形象化的，通过页与页之间强烈的密度对比带来动感。他们认为“装饰性”的图案是会分散人们对于图纸的注意力，因此将其排除。

盖奇 / 克列孟梭事务所（Gage / Clemenceau）的作品集内容丰富、根据客户特点定制，给人以直接的吸引和多感官的体验。考虑到“独特而真实”的高度个性化设计方法，他们通常采用高质量的作品照片配以少量文字。

NEX 事务所的艾伦·登普西（Alan Dempsey）利用多种媒体方式来吸引多样化的观众：图书、文章、展览、讲座和临时性装置。一丝不苟的工程图纸传递出了工作室的格调和性格。作品集（打印版及电子版）被概念化为生长的通道，而不是静止的节点。

Kawamura-Ganjavian 工作室的网站首页起到两个作用，一是作为一个不断更新的自我宣传广告，二是组织一个稳定的档案来记录已完成的工作。“数字档案”是邮寄广告的 PDF 版本，简要描述了个人的一些项目。

DnA_Beijing 事务所

策略

保持独特，呈现精良，研究美术设计人员。建立一个名单，列出那些你喜欢的、可以从他们身上获得灵感的美术设计人员。他们以设计小册子和图板布局为生，但作为建筑师我们可以从他们的工作内容和方法中获得很多启发。配色和布局可以适当调整，但要保持简洁，还要保持个性。这可能是向潜在的客户展示的一次机会，不要将想法强加于别人，个性突出并保持独特，但不要将独特性作为出发点，它应该是伴随着初始想法的发展而产生的。

我们尝试让我们的每一个作品集都贯彻一个主题，可能是关注特别的元素，比如细部设计。着眼于新颖独特的布局，但也要考虑成本因素和印制的方便，最重要的就是吸收你身边的灵感。

制作

你希望引人注目，不要将自己束缚于浮华的图片上。使用廉价的复印件，但将它精良地呈现出来，并考虑你所展示的信息。有些时候你会想到不同的表达方式。对于低成本住宅计划，可能就使用廉价材质，但要用专业方法精心制作，以反映你的才能。如果你就使用复印件的话，在前面装订一个简单的彩色卡片，写上最基本的标题。与面前桌子上摆着的成千上万份虚华的印刷品相比，人们就会更愿意拿起你的小册子看看。在这里对所有东西质感的要求都是严苛的；以我的经验来看光亮往往意味着廉价，不要过分炫耀。让客户印象深刻的作品集，常常是简约而做工精致的，且看起来与众不同。

建议

- 不要表现得好像你觉得你无所不知，要吸取其他人的批评意见，牢记学海无涯。
- 不要勉强，顺其自然。如果你计划在一段固定的时间内完成，那么给自己足够的时间。
- 看看自己周边——报纸、杂志、海报等，以获得布局和细节上的灵感。
- 错了就从失误中学习，没有人能百分之百正确。
- 做一个剪贴簿，收集你在报纸杂志中看到的有趣的布局和风格，这样你可以在需要的时候进行借鉴。

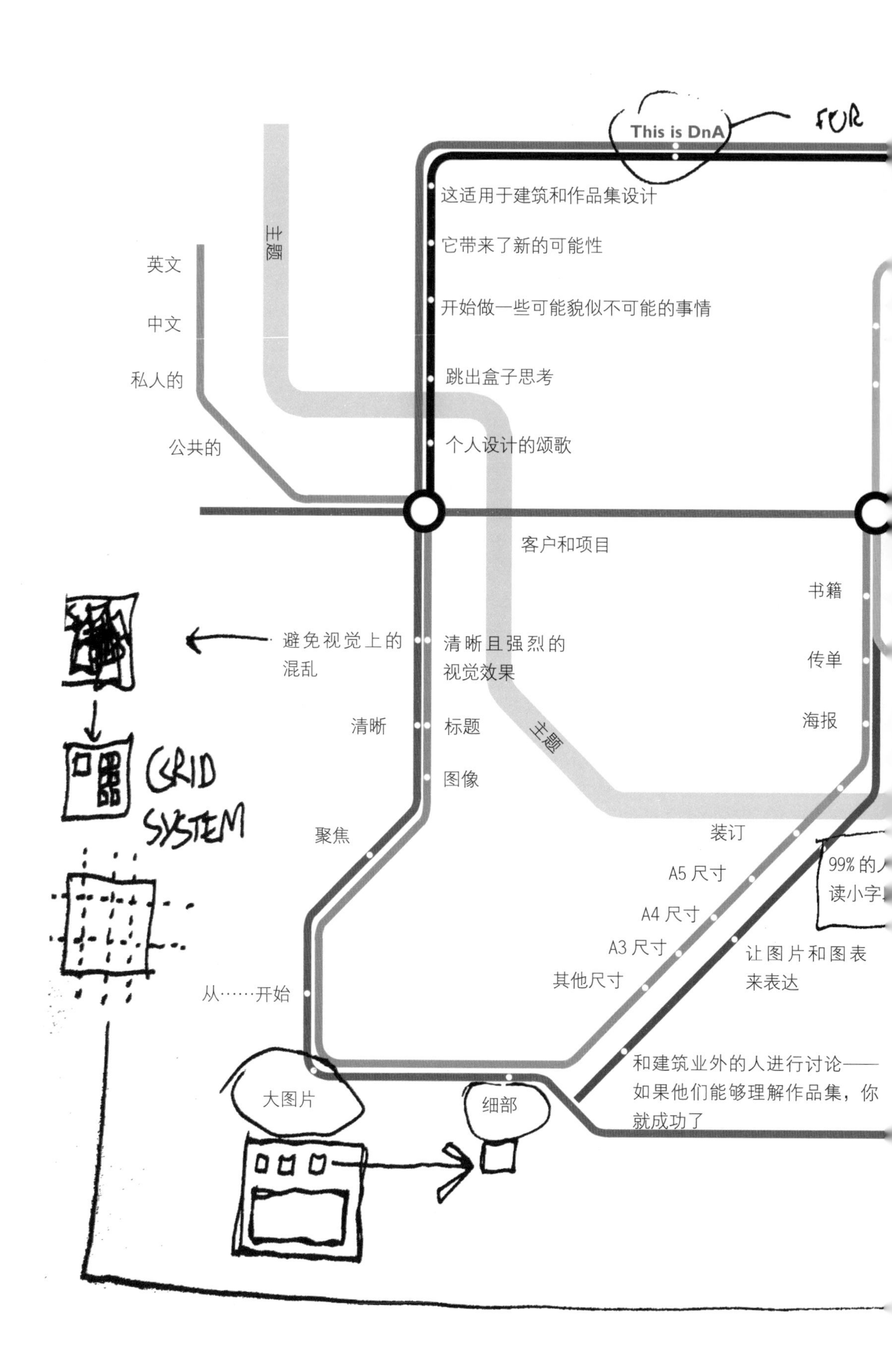
This is DnA
FOR
这适用于建筑和作品集设计
它带来了新的可能性
开始做一些可能貌似不可能的事情
跳出盒子思考
个人设计的颂歌
主题
英文
中文
私人的
公共的
客户和项目
书籍
传单
海报
避免视觉上的
混乱
清晰且强烈的
视觉效果
清晰
标题
图像
主题
GRID
SYSTEM
聚焦
装订
A5 尺寸
A4 尺寸
A3 尺寸
其他尺寸
让图片和图表
来表达
从……开始
和建筑业外的人进行讨论——
如果他们能够理解作品集，你
就成功了
大图片
细部

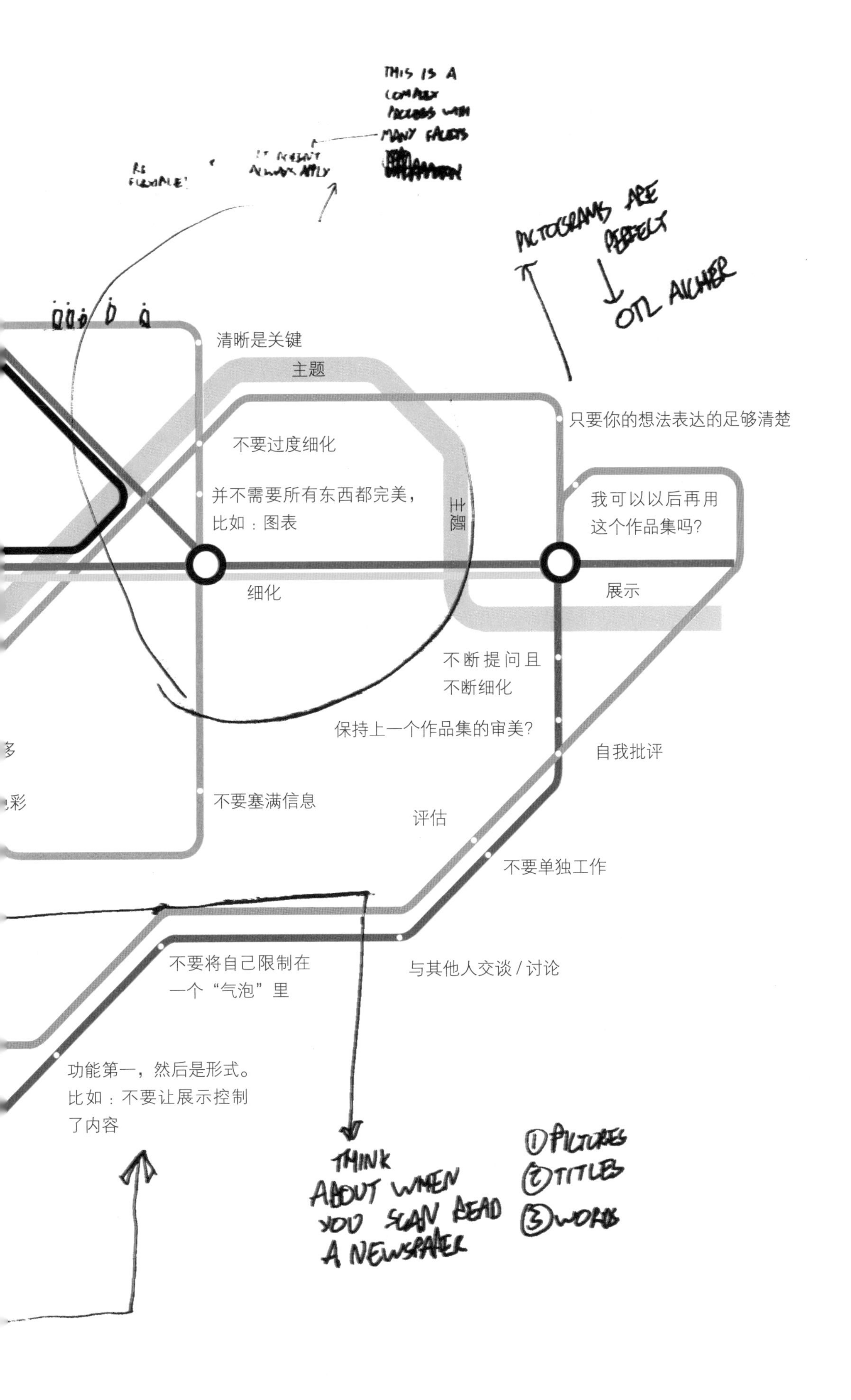

THIS IS A COMPLEX PROCESS WITH MANY FACETS
PICTOGRAMS ARE PERFECT
OTL AICHER
清晰是关键
主题
只要你的想法表达的足够清楚
不要过度细化
并不需要所有东西都完美，比如：图表
主题
我可以以后再用这个作品集吗?
细化
展示
不断提问且不断细化
保持上一个作品集的审美?
自我批评
不要塞满信息
评估
不要单独工作
不要将自己限制在一个“气泡”里
与其他人交谈 / 讨论
功能第一，然后是形式。比如：不要让展示控制了内容
THINK ABOUT WHEN YOU SCAN READ A NEWSPAPER
1 PICTURES
2 TITLES
3 WORDS

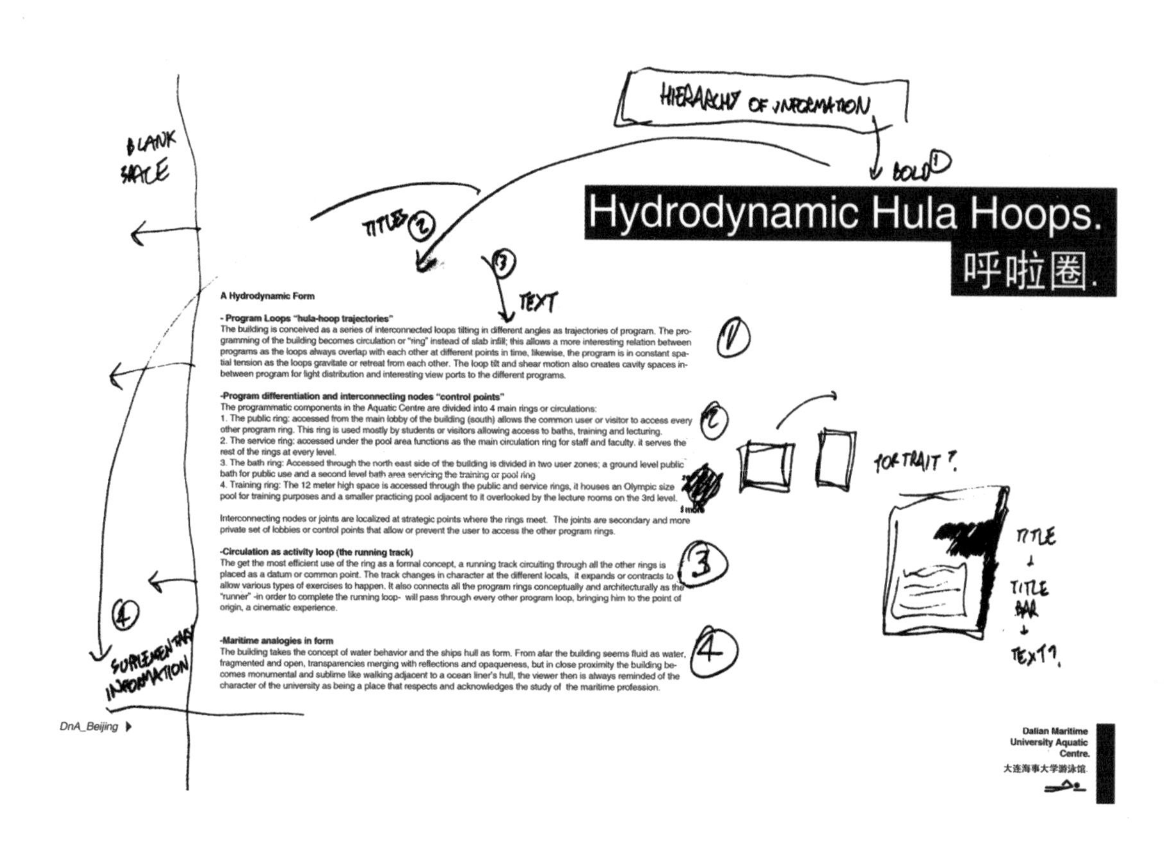
HIERARCHY OF INFORMATION
BOLD 1
Hydrodynamic Hula Hoops.
呼啦圈.
BLANK SPACE
TITLES 2
3 TEXT
A Hydrodynamic Form
- Program Loops "hula-hoop trajectories"
The building is conceived as a series of interconnected loops tilting in different angles as trajectories of program. The programming of the building becomes circulation or "ring" instead of slab infill; this allows a more interesting relation between programs as the loops always overlap with each other at different points in time, likewise, the program is in constant spatial tension as the loops gravitate or retreat from each other. The loop tilt and shear motion also creates cavity spaces in-between program for light distribution and interesting view ports to the different programs.
-Program differentiation and interconnecting nodes "control points"
The programmatic components in the Aquatic Centre are divided into 4 main rings or circulations:
1. The public ring: accessed from the main lobby of the building (south) allows the common user or visitor to access every other program ring. This ring is used mostly by students or visitors allowing access to baths, training and lecturing.
2. The service ring: accessed under the pool area functions as the main circulation ring for staff and faculty. it serves the rest of the rings at every level.
3. The bath ring: Accessed through the north east side of the building is divided in two user zones; a ground level public bath for public use and a second level bath area servicing the training or pool ring
4. Training ring: The 12 meter high space is accessed through the public and service rings, it houses an Olympic size pool for training purposes and a smaller practicing pool adjacent to it overlooked by the lecture rooms on the 3rd level.
Interconnecting nodes or joints are localized at strategic points where the rings meet. The joints are secondary and more private set of lobbies or control points that allow or prevent the user to access the other program rings.
-Circulation as activity loop (the running track)
The get the most efficient use of the ring as a formal concept, a running track circuiting through all the other rings is placed as a datum or common point. The track changes in character at the different locals, it expands or contracts to allow various types of exercises to happen. It also connects all the program rings conceptually and architecturally as the "runner" -in order to complete the running loop- will pass through every other program loop, bringing him to the point of origin, a cinematic experience.
-Maritime analogies in form
The building takes the concept of water behavior and the ships hull as form. From afar the building seems fluid as water, fragmented and open, transparencies merging with reflections and opaqueness, but in close proximity the building becomes monumental and sublime like walking adjacent to a ocean liner's hull, the viewer then is always reminded of the character of the university as being a place that respects and acknowledges the study of the maritime profession.
4 SUPPLEMENTARY INFORMATION
PORTRAIT ?
TITLE
TITLE BAR
TEXT ?
DnA_Beijing
Dalian Maritime University Aquatic Centre.
大连海事大学游泳馆.

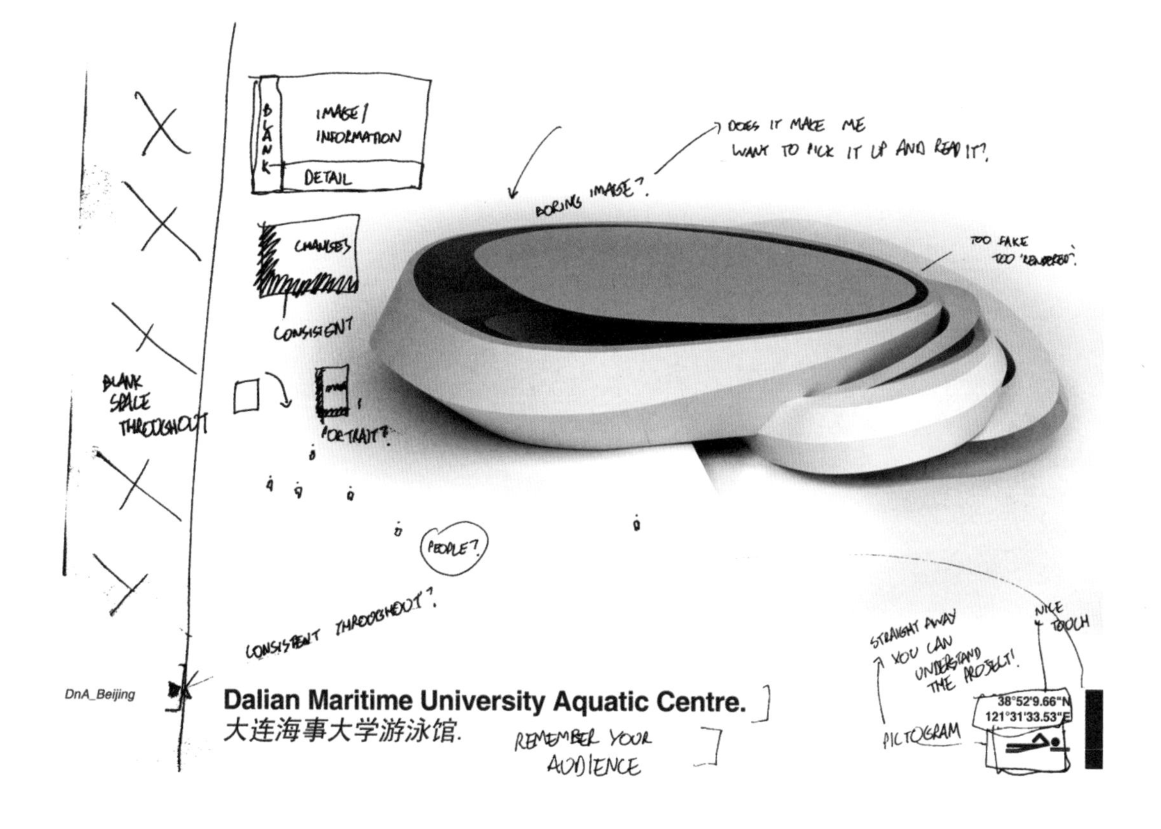
IMAGE / INFORMATION
DETAIL
CHANGES
CONSISTENT
BLANK SPACE THROUGHOUT
PORTRAIT?
BORING IMAGE?
DOES IT MAKE ME WANT TO PICK IT UP AND READ IT?
TOO FAKE TOO 'RENDERED'.
PEOPLE?
CONSISTENT THROUGHOUT?
STRAIGHT AWAY YOU CAN UNDERSTAND THE PROJECT!
NICE TOUCH
DnA_Beijing
Dalian Maritime University Aquatic Centre.
大连海事大学游泳馆.
REMEMBER YOUR AUDIENCE
PICTOGRAM
38°52'9.66"N
121°31'33.53"E

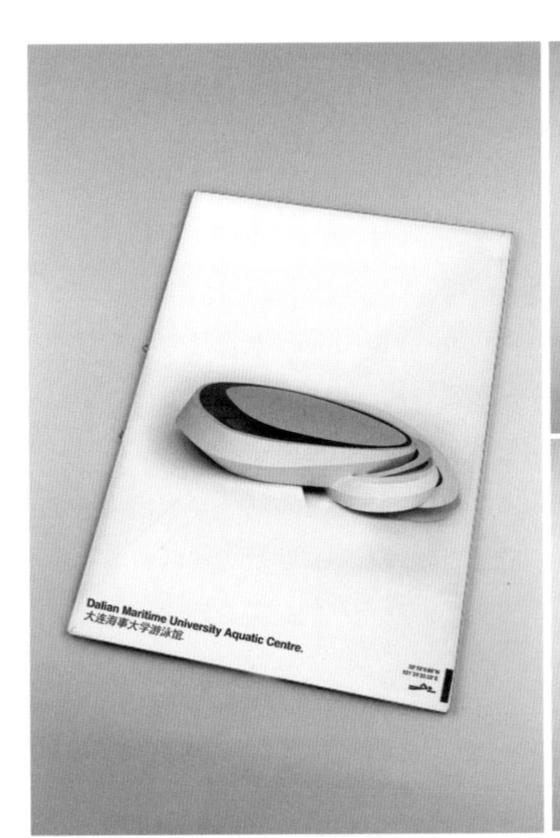
Dalian Maritime University Aquatic Centre.
大连海事大学游泳馆.

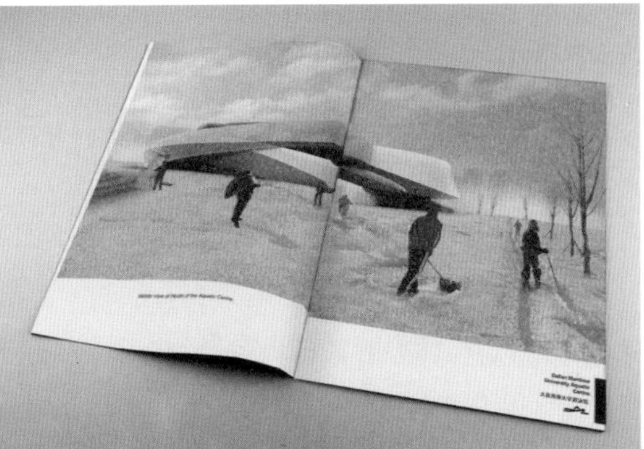

Hydrodynamic Hula Hoops.
呼啦圈.

Dalian Sports Centre.
大连市民健身中心.

Sports Station.
运动中心.

CEBRA 事务所

1. 你们的灵感来源是什么？

对《CEBRA 档案 01》(CEBRA_files_01) 这本书来说，最主要的灵感就是勒·柯布西耶全集。这是展示建筑工作的一种非常系统的方式——几乎就像是在看一个档案柜。这让我们可以很方便的再做 2 号、3 号等，你只要简单地将另一个项目作品放到布局图框里就行。

2. 你们有很多作品集吗？它们之间有什么区别？

到目前为止我们仅仅完成了第一本《CEBRA 档案 01》，但下一本于 2010 年处于制作中。对于特殊顾客我们有一个 1.5 版本，包括了在 1 号作品集之后完成的项目以及非常有名而需要展示的项目，我希望等到我们退休的时候可以有至少 5 辑。

3. 你们的作品集是设计为你们目前从事工作的一个总结，还是设计为你们整体工作的一个延续？

我们的书描述了 2006 年以前工作室的全部项目。但是当我们申请竞赛、展示更多近期作品的时候，我们另外做了小型作品集，只关注一些特殊的工作。

4. 你们将作品集用作一个项目目录或者是作品档案吗？

是的——非常对，这也正是为什么我们把它命名为“CEBRA 档案 01”。

5. 你们的作品集是一种意识流吗？

嗯，在作品集中我们简单地回顾了从我们第一个项目开始的全部工作，然后删去了未完成的、规模过小的或有其他问题的项目。然后我们就用余下的那些项目按年代顺序安排，创作了这本书。它非常简单、系统，并且最重要的是，快捷而便宜！

6. 你们的作品集主要是由设计驱动的还是由项目驱动的？是以图片为主还是以文字为主？

基本上全是图片。我们并不是大作家，因此我们依托建筑本身来和公众交流。尽管如此，书中也有一个相当长的采访。

7. 你如何评估作品集的有效性？

你知道，非常诚实地说，我们做这本作品集主要是为了我们自己，但它也在全球的书店有售，因为 Actar 出版社发现它很有意思而值得推广。这让我相信它对宣传 CEBRA 事务所的品牌能起到一些效果。

封面和封底

目录

厄德鲁普学院

《CEBRA 档案 01》(CEBRA_FILES_01)

2006 年，我们决定用 2001 年我们成立事务所起所有做过的项目，出版成一本 400 页的书。我们自信地将它命名为“CEBRA 档案 01”，因为我们希望它成为后续一系列书的第一本。我们现在仍然这样希望，并且第二本的工作马上就会开展。

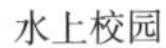

水上校园

水上校园

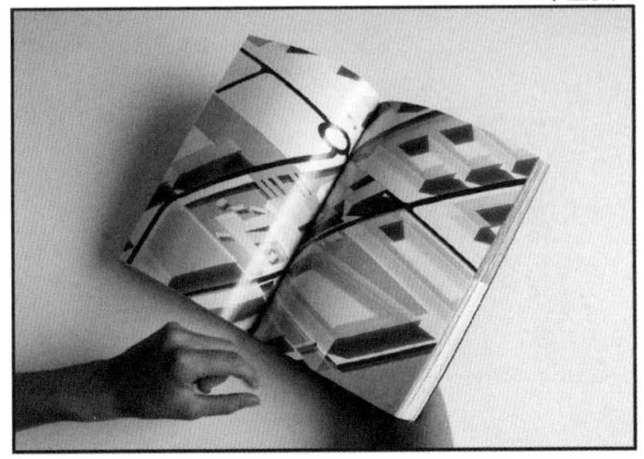

大厅改建

大厅改建

环状住宅

音乐剧场

这本书分为两个部分，第一部分远远短于第二部分，没有图表，并且是黑白的。第一部分只有文字，主要通过一个访谈描述了我们作品背后的哲学逻辑，也包括真实的办公室资料，比如简历和职员信息。这本书是双语的，左页是白底黑字的丹麦语，右页是黑底白字的英语。与相当简单直接的第一部分相比，这本书的其他部分——大约 95% 的篇幅——是彩色的，并且色彩非常丰富。这一部分通过各式各样的图表、草图、渲染图和照片展示真实的建筑。这些图片用统一的框架布局，由三个标准部分组成，只给出了一些绝对必要的信息，比如项目面积和建成时间。即便如此，快速翻过这一部分的话看起来还是像转动一个万花筒一样。

缩放城市

2005

Aqua 科学中心

Fuglsang Næs

Arkii-check

这是一个大量插图的集合，足够满足贪婪的读者一段时间。

将所有的项目制成工作表，在一个简单的文件夹中按照年代先后排列，从这个意义上来说，《CEBRA档案01》很像是一个传统的作品集。它没有额外装饰性图表的图层，也没有其他任何东西会把读者的注意力吸引到建筑以外。我们创造一种体验——稍稍地将读者引导到我们设计的空间中，就像翻阅家庭相册一样简单，我们希望它也是这样呈现的——它体现了罗西（Rossi）的名言“建筑就是建筑”（architecture is architecture）。

我们的网站：www.cebra.info

Harbo大厅

别墅

一叠书

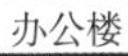

办公楼

艾伦·登普西，NEX 事务所
（Alan Dempsey, NEX）

策略

我们追求一种扩展到超越我们建筑项目之外的、发散性的操作模式，我们尝试通过其他媒介来呈现这种建筑论述，比如书籍、文章、展览、演讲和临时装置。

实际上如果建筑学的历史有什么引导意义的话，就是建筑研究往往在通过建筑物本身以外的媒介表达之后才能达到最高的完成度。在这种语境下，我们并不把作品集仅仅看做我们工作的简单表现，而是把它以及其他图片媒介，作为另一个提升我们设计见解的途径，也作为一种通过不断研究来获取知识的文档。

制作

我们的打印版作品集和在线展示，如同两个不断进行的图像设计项目，用来表现工作室的作品。工作室作品集是一个小小的、活页装订的文件，足够灵活，可以按月更新。它结构布局很简单，用来传达我们工作室的思想气质，选取作品呈现给最广泛的潜在读者，包括潜在的客户、咨询公司和职员，并且它也用于一些更正式的投标申请书。

我们的在线展示作为一个探索机会，用来探索一个管理我们作品更复杂的方式。我们发现打印版作品集的一个短板，是它在整个工作中创造动态联系的能力有限。这种动态联系是指展示某个特殊想法是怎样从一个项目发展到下一个项目的，以及这个想法如何采用从一种媒介或应用到另一种不同的方式（比如研究、竞赛、书籍、展览、会议，当然还有建筑物本身的表现）展现出来的等。一旦一份纸质文件以一种特定方式组织好了，它就很难进行再组织了。

我们的网站探索数字媒体将信息进行动态联系的潜力，在这个过程中也稍稍变得更能够代表我们的工作方式。它组织成 5 个部分：新闻、工作室、作品、媒体和联系方式，每一部分都各自划分为更次一级的几部分。当然，单独的内容项目也利用语义关系以一种更动态的方式交叉链接在一起，网站的设计和搭建是和媒体机构 Despark 合作完成的。

建议

数字制造的发展和设计到生产过程，重新强加了对建筑作为物体的关注以及对建筑学物质化表现的强调。与此同时，建筑作为文化和艺术实践的成果和消费品的属性，通过前所未有大范围的媒介得到增强。这些变化带来了相应特殊的展示形式，我们相信对这些形式的运用能够带来对于特定建筑学问题的新视野。

NEX | 艾伦·登普西，伦敦

我们的工作室关注建筑、设施和城市设计的交叉融合。我们的名称——NEX，就是指我们努力将自我定位于设计和传递过程的中心或者说连接点（nexus），将客户、合作者和建造者通过综合的计算和技术平台联系在一起。我们的综合设计过程探索建筑学新的生产潜力，同时也提升项目交付过程的效率，并且我们的精确性使得我们可以在国际化语境下通过多种尺度和部门进行工作。我们希望做出的作品是根据特定项目的社会、文化、经济和环境情况的融合性表达，同时对更大范围的建筑论述做出贡献。

我们的在线展示作为一个探索机会，用来探索一个管理我们作品更复杂的方式。我们发现打印版作品集的一个短板，是它在整个工作中创造动态联系的能力有限。这种动态联系是指展示某个特殊想法是怎样从一个项目发展到下一个项目的，以及这个想法如何采用从一种媒介或应用到另一种不同的方式（比如研究、竞赛、书籍、展览、会议，当然还有建筑物本身的表现）展现出来的等。一旦一份纸质文件以一种特定方式组织好了，它就很难进行再组织了。

我们的网站探索数字媒体将信息进行动态联系的潜力，在这个过程中也稍稍变得更能够代表我们的工作方式。它组织成 5 个部分：新闻、工作室、作品、媒体和联系方式，每一部分都各自划分为更次一级的几部分。当然，单独的内容项目也利用语义关系以一种更动态的方式交叉链接在一起，网站的设计和搭建是和媒体机构 Despark 合作完成的。

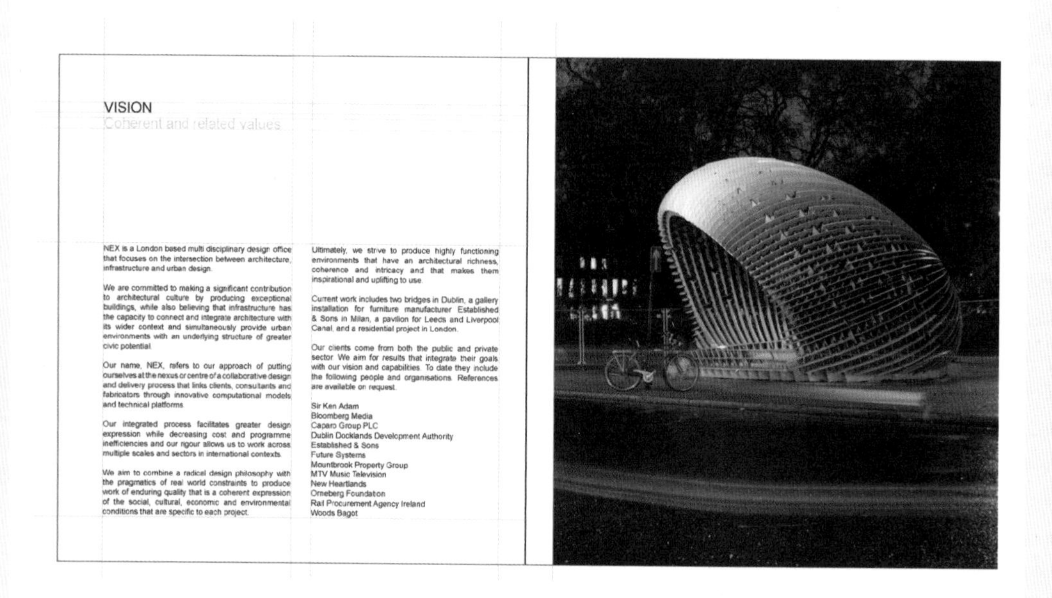

VISION

Coherent and related values

NEX is a London based multi disciplinary design office that focuses on the intersection between architecture, infrastructure and urban design.

We are committed to making a significant contribution to architectural culture by producing exceptional buildings, while also believing that infrastructure has the capacity to connect and integrate architecture with its wider context and simultaneously provide urban environments with an underlying structure of greater civic potential.

Our name, NEX, refers to our approach of putting ourselves at the nexus or centre of a collaborative design and delivery process that links clients, consultants and fabricators through innovative computational models and technical platforms.

Our integrated process facilitates greater design expression while decreasing cost and programme inefficiencies and our rigour allows us to work across multiple scales and sectors in international contexts.

We aim to combine a radical design philosophy with the pragmatics of real world constraints to produce work of enduring quality that is a coherent expression of the social, cultural, economic and environmental conditions that are specific to each project.

Ultimately, we strive to produce highly functioning environments that have an architectural richness, coherence and intricacy and that makes them inspirational and uplifting to use.

Current work includes two bridges in Dublin, a gallery installation for furniture manufacturer Established & Sons in Milan, a pavilion for Leeds and Liverpool Canal, and a residential project in London.

Our clients come from both the public and private sector. We aim for results that integrate their goals with our vision and capabilities. To date they include the following people and organisations. References are available on request.

Sir Ken Adam
Bloomberg Media
Caparo Group PLC
Dublin Docklands Development Authority
Established & Sons
Future Systems
Mountbrook Property Group
MTV Music Television
New Heartlands
Orneberg Foundation
Rail Procurement Agency Ireland
Woods Bagot

我们的打印版作品集或简介呈现了我们的看法、设计方法和精选项目，每一部分都是跨页排版。左手页包括章节标题和一个分两栏的描述性段落，右手页是对应补充段落内容的图片。

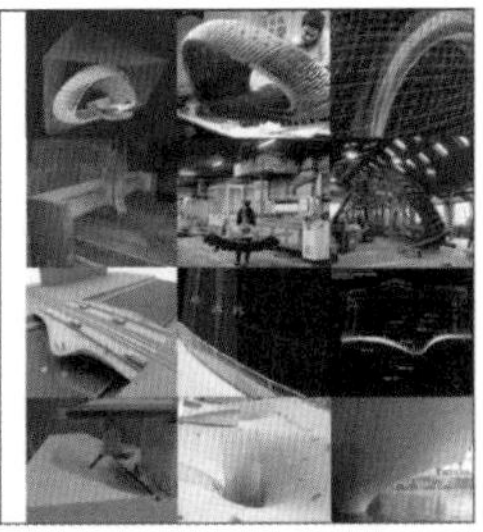

01 我们的设计方法通过最近两个项目的图片来举例说明，展示了从初期概念一直到最终成果的过程中我们如何运用信息模型。

02 一组我们团队和合作伙伴的照片选集，展现了我们工作的合作方法。

03 研究是工作室的核心过程，一组建筑协会FAB项目的图片对此提供了一个深入了解的机会。

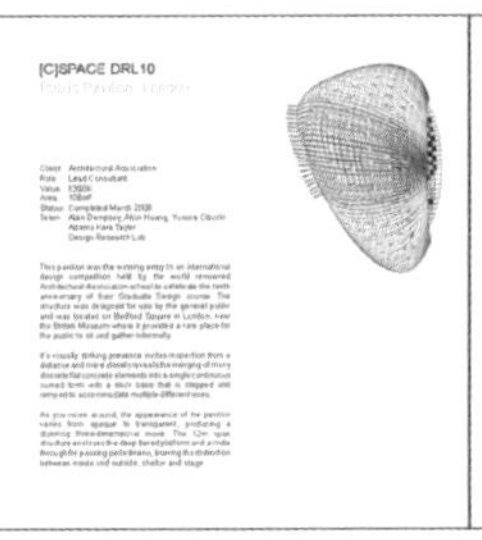

04 用一小段文字描述每个项目的概念和实现过程。建成作品的图纸、效果图和照片使整个表达更完整。

DODDER BRIDGE

Infrastructure, Dublin

Client: Mountbrook Group & Dublin City Council
Role: Lead Consultant
Value: £1.5 Million
Span: 32m
Status: In progress.
Team: Alan Dempsey, Filippo Previtali
Adams Kara Taylor

This pedestrian and cycle bridge was won through an international open design competition and is being commissioned by the Mountbrook Development Group as part of their regeneration of a major site in Ballsbridge, Central Dublin. The bridge is being constructed as part of a comprehensive community gain package and when in place, it will complete the revitalisation of the local pedestrian and cycle network.

The concept of the bridge is to create a hybrid of infrastructure and public amenity by providing generous seating and deck width across the span for pedestrians to pause and enjoy the views of the river.

The structural design accommodates the constraints imposed by river channel clearance so the main central spine passes above the deck on the lower south bank creating the extended seating area. The structure is fabricated off site from rolled steel plate and aluminium and painted a vibrant light blue.

05 这本书的项目部分以一种类似的方式排版。标题、项目类型和地址位于左页项目关键资料的上方，还有一小段介绍性文字，一张介绍项目核心概念的图表安排在这段文字旁边，右页留给项目照片。

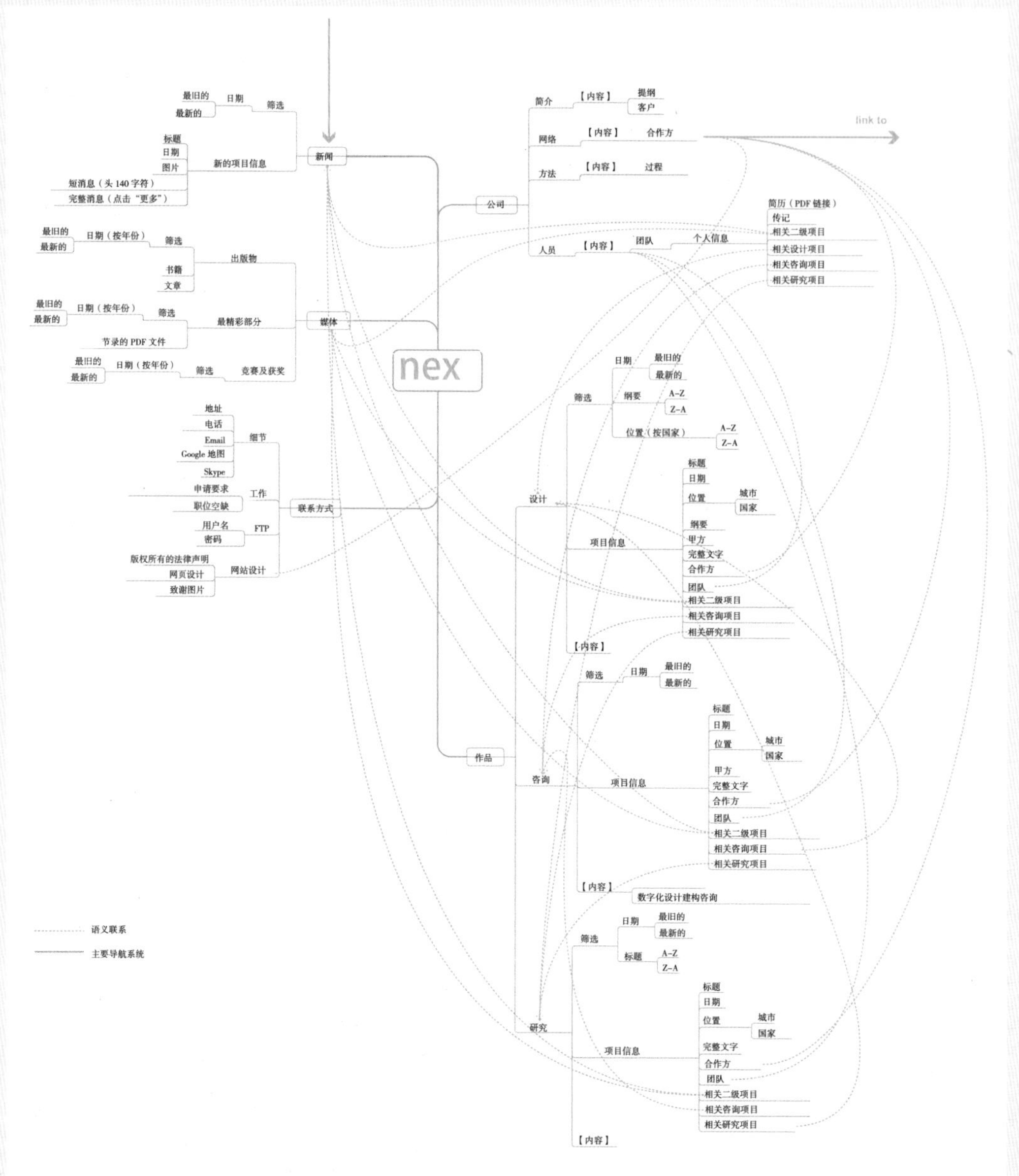

www.nex–architecture.com

我们的在线展示作为一个探索机会，用来探索一个管理我们作品更复杂的方式。我们发现打印版作品集的一个短板，是它在整个工作中创造动态联系的能力有限。这种动态联系是指展示某个特殊想法是怎样从一个项目发展到下一个项目的，以及这个想法如何采用从一种媒介或应用到另一种不同的方式（比如研究、竞赛、书籍、展览、会议，当然还有建筑物本身的表现）展现出来的等。一旦一份纸质文件以一种特定方式组织好了，它就很难进行再组织了。

我们的网站探索数字媒体将信息进行动态联系的潜力，在这个过程中也稍稍变得更能够代表我们的工作方式。它组织成5个部分：新闻、工作室、作品、媒体和联系方式，每一部分都各自划分为更次一级的几部分。当然，单独的内容项目也利用语义关系以一种更动态的方式交叉链接在一起，网站的设计和搭建是和媒体机构 Despark 合作完成的。

主导航栏
背景图片
目录搜索栏
目录面板
目录项目
项目预览图片

网站主页的格式像一个新闻博客。网站各个不同部分最新发布的内容都以简短条目的形式在主页集中呈现。点击任何一个条目就会将其展开，得到更多地信息，同时链接到网站的相关部分。

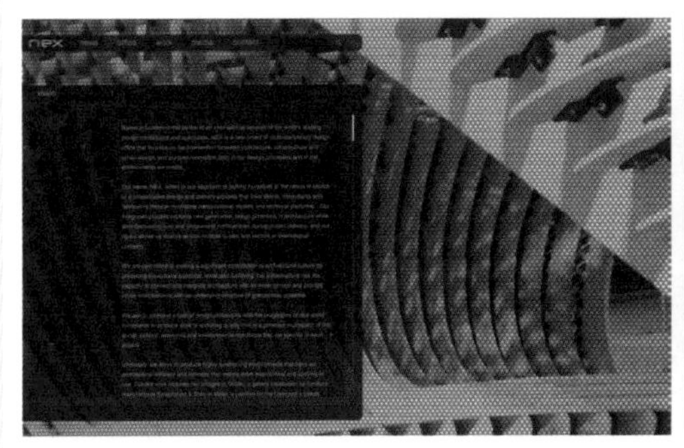

01 网站的工作室部分中概述了我们的设计哲学和方法。背景随机展示我们某个项目的图片。

02 每个团队成员的简短介绍的后面有一个他们参与的工作清单。后面是来自新闻博客的其他相关条目。

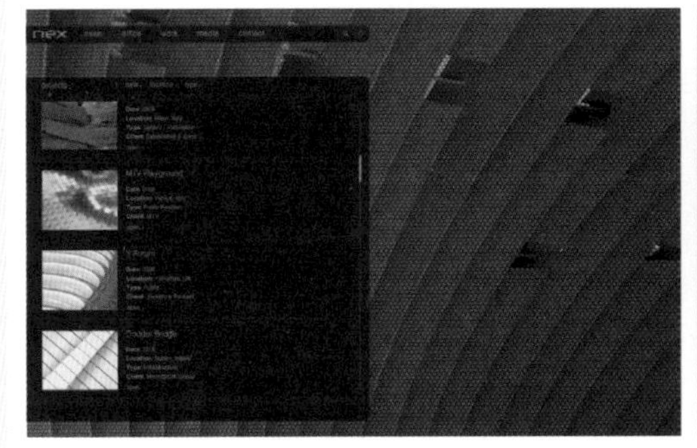

03 项目被总结为一些小图板的形式。配以一张表达每个项目核心概念的缩略图，并列出名称、类型、位置和日期，因此这些项目可以很容易根据任何分类进行再次组织。

04 点击选择一个项目会带来更细致的介绍和一组描述该作品的照片。这时候目录面板可以隐藏，以允许图片全幅展示。

盖奇/克列孟梭建筑师事务所（Gage / Clemenceau Architects）

策略

在一个到处充斥着信息和图像、廉价的家庭打印、动画网页，以及出于虚荣心而自己印刷的各种专著的年代，盖奇/克莱蒙梭建筑师事务所（Gage / Clemenceau Architects）的作品集目标在于成为真实并且独特的东西。与这种图像无处不在的做法相反，我们作品集的形式从不重复、质感独特奢华、很少会被丢弃，最重要的是，我们不仅打算用它来告知接受者工作室作品的内容，还希望传递出一些感性的、质感的和美学上的品质，而工作室也正是以此而出名。

制作

工作室做的每一本作品集，不管是为了某个潜在的客户、奖项竞标、出版物，还是为了经费申请或者其他努力争取的目标，其都是为特殊的读者或观众个性化定制的。从项目中挑选出来的图片整合在一起，来阐明这个作品对应于某个接受者的特别价值。每一页都采用 350g/m^2 的档案质量水彩纸印刷成独立的卡片，和其他卡片一起装在一个 13cm×19cm、激光切割的、档案图片盒里。根据内容的长度，一个独立作品集的印刷成本可能超过 1000 美金，这使我们对于要为谁准备作品集慎之又慎。其中需要的花销和人力使我们非常仔细地考虑我们的机会——我们只会为真正感兴趣去争取的项目、申请和奖项制作作品集。

建议

我鼓励我的学生，当设计自己的作品集的时候，去参考EI Croquis（注：某建筑杂志）的书籍。它们非常善于将图纸和照片混合在一起，创造一个绝佳的视角来描述某个项目或者建筑师。它们也倾向于移除很多建筑师个人专著中冗余的内容。我是耶鲁大学招生委员会成员，我被迫接受的一件事情就是现在的作品集都更趋向于表现个性而非关注作品。实际上我认为这是种不好的趋势。我们制作作品集是关于作品的——主要部分应该是作品的图片。我甚至还夸张的限制其中图解的数量，可以这样说，因为我相信现在的很多建筑师依靠他们图解的设计质量来证明他们的作品，而不是让作品本身来证明自己。

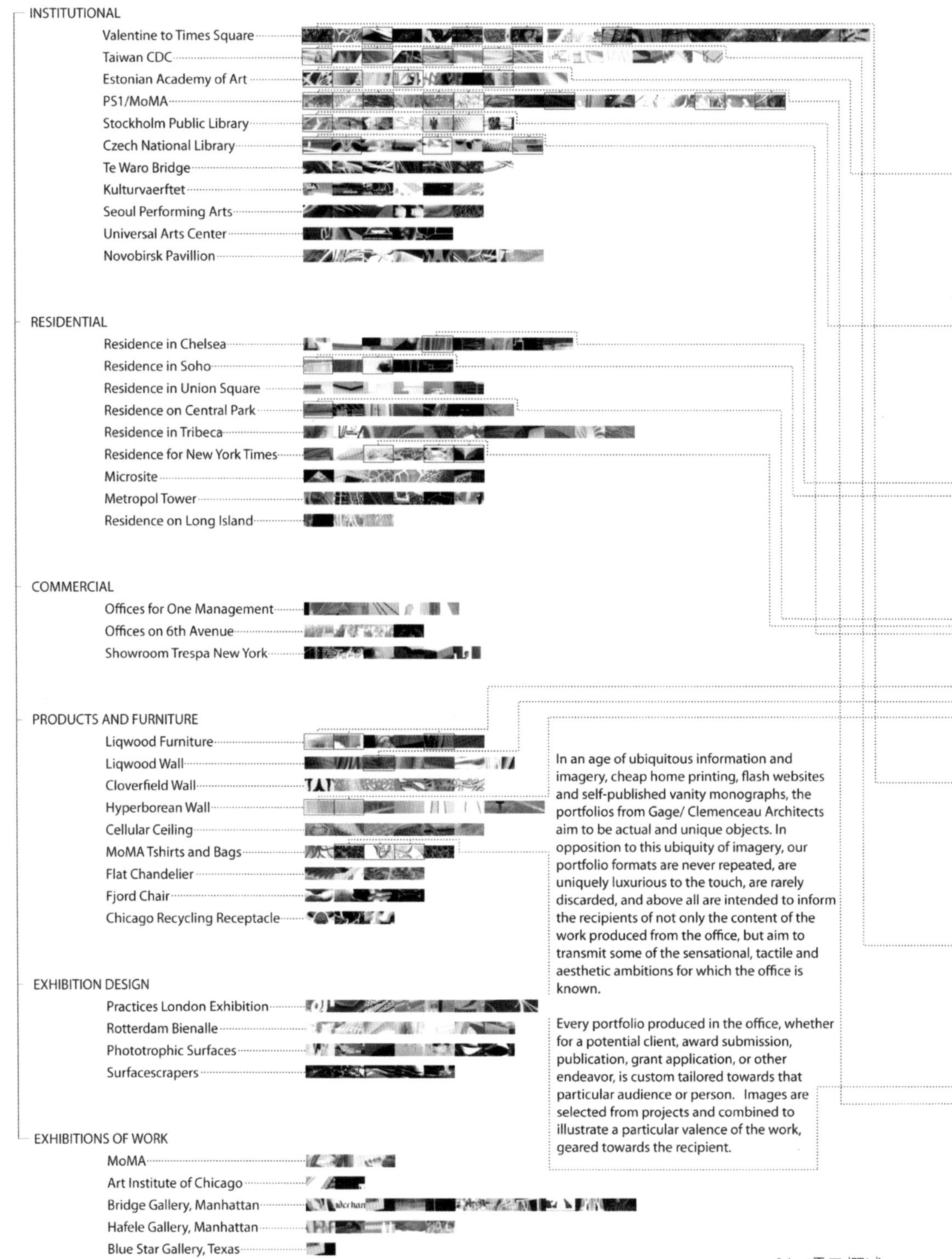

In an age of ubiquitous information and imagery, cheap home printing, flash websites and self-published vanity monographs, the portfolios from Gage/ Clemenceau Architects aim to be actual and unique objects. In opposition to this ubiquity of imagery, our portfolio formats are never repeated, are uniquely luxurious to the touch, are rarely discarded, and above all are intended to inform the recipients of not only the content of the work produced from the office, but aim to transmit some of the sensational, tactile and aesthetic ambitions for which the office is known.

Every portfolio produced in the office, whether for a potential client, award submission, publication, grant application, or other endeavor, is custom tailored towards that particular audience or person. Images are selected from projects and combined to illustrate a particular valence of the work, geared towards the recipient.

02 项目图片

针对一个特定的读者群，专门筛选并组织图片来说明实践的某个特殊方面。图片是针对客户挑选和组合的，同时一个通用的布局模板形成一种有结合力的结构，在这个结构中，任何图片和文字素材的组合都能够整合成为一个可认知的整体。

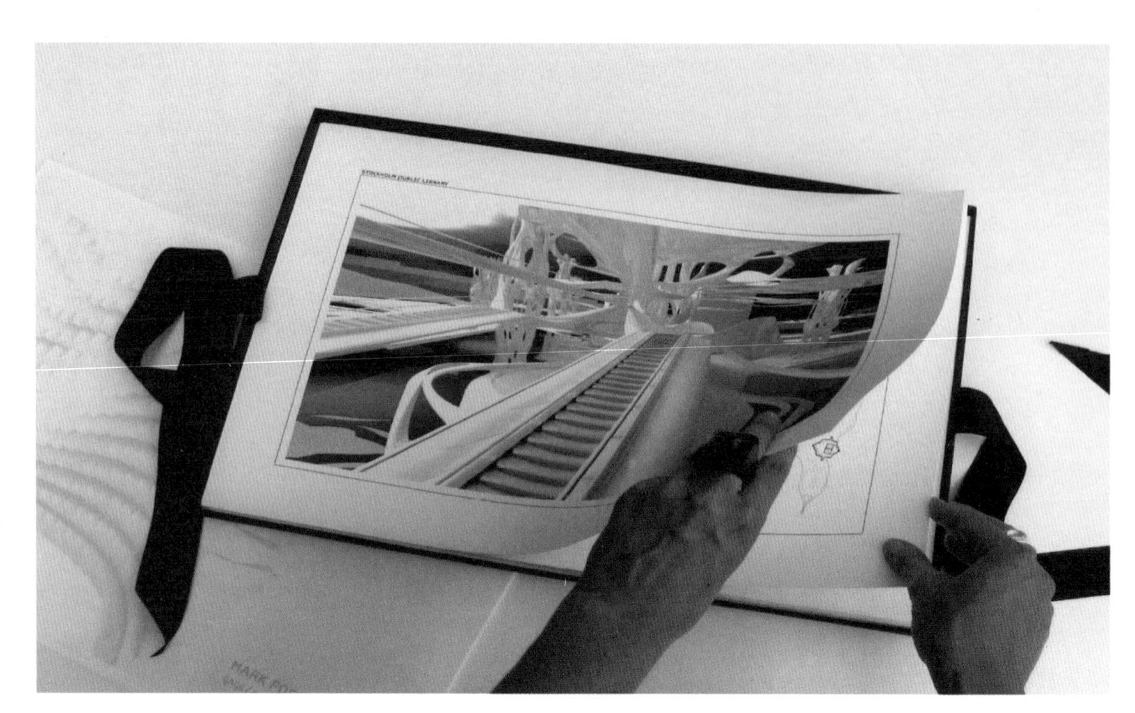

每一页都采用 350g/m^2 的档案质量水彩纸印刷成独立的卡片，和其他卡片一起装在一个 13cm×19cm、激光切割的、档案图片盒里。根据内容的长度，一个独立作品集的印刷成本可能超过 1000 美金，这使我们对于要为谁准备作品集慎之又慎。其中需要的花销和人力使我们非常仔细地考虑我们的机会——我们只会为真正感兴趣去争取的项目、申请和奖项制作作品集。

每个作品集封面都定制有激光蚀刻的接受者姓名。为了避免运输过程中的意外挪动，印刷出来的卡片用丝带捆扎起来，接受者收到后可以剪断或打开丝带。

最终完成的作品集，如右图所示，是因为盖奇 / 克莱蒙梭建筑师事务所（Gage / Clemenceau Architects）被提名为候选 inagural Ordos Prize 建筑奖的十三家国际性公司之一而制作的。整个文件包括 37 张定制的卡片，介绍了投标方案和建成作品，以及文章、出版物和事务所的其他方面。

Kawamura-Ganjavian 工作室

策略

我们利用门户网站作为和广大读者群之间的交流工具。网站保持规律的更新，来告知我们的专业进展和近期项目、努力目标、媒体简报和所获成就。

门户网站也作为我们的作品档案，分为精选作品组和完整作品组，展示了我们不同作品（区域、空间、产品、学术以及研究性）的照片、图纸和项目介绍。

我们的档案采用易读的版式，根据不同的版本分类（产品、展览设计以及建筑），并且和我们作品的主线保持一致。这些文件（pdf 格式）包括我们作品的选集，同时按季度更新，为网站使用特别优化（可以下载和通过电子邮件收发）。

我们的网页和档案都遵循简洁的审美，采取容易阅读的排版，总结每个项目的主要想法，避免陷入无关紧要的细节中去。

制作

自制的门户网站和数字档案是使用市面上可以买到的图形软件包制作而成的。

建议

门户网站是我们同读者交流工作进展和最新动态的方式。保持规律更新非常重要。我们的档案根据作品类型分类，按季度进行更新，并且没有标注页码，因此可以针对特别的客户、供应商、机构等对象进行定制编辑。

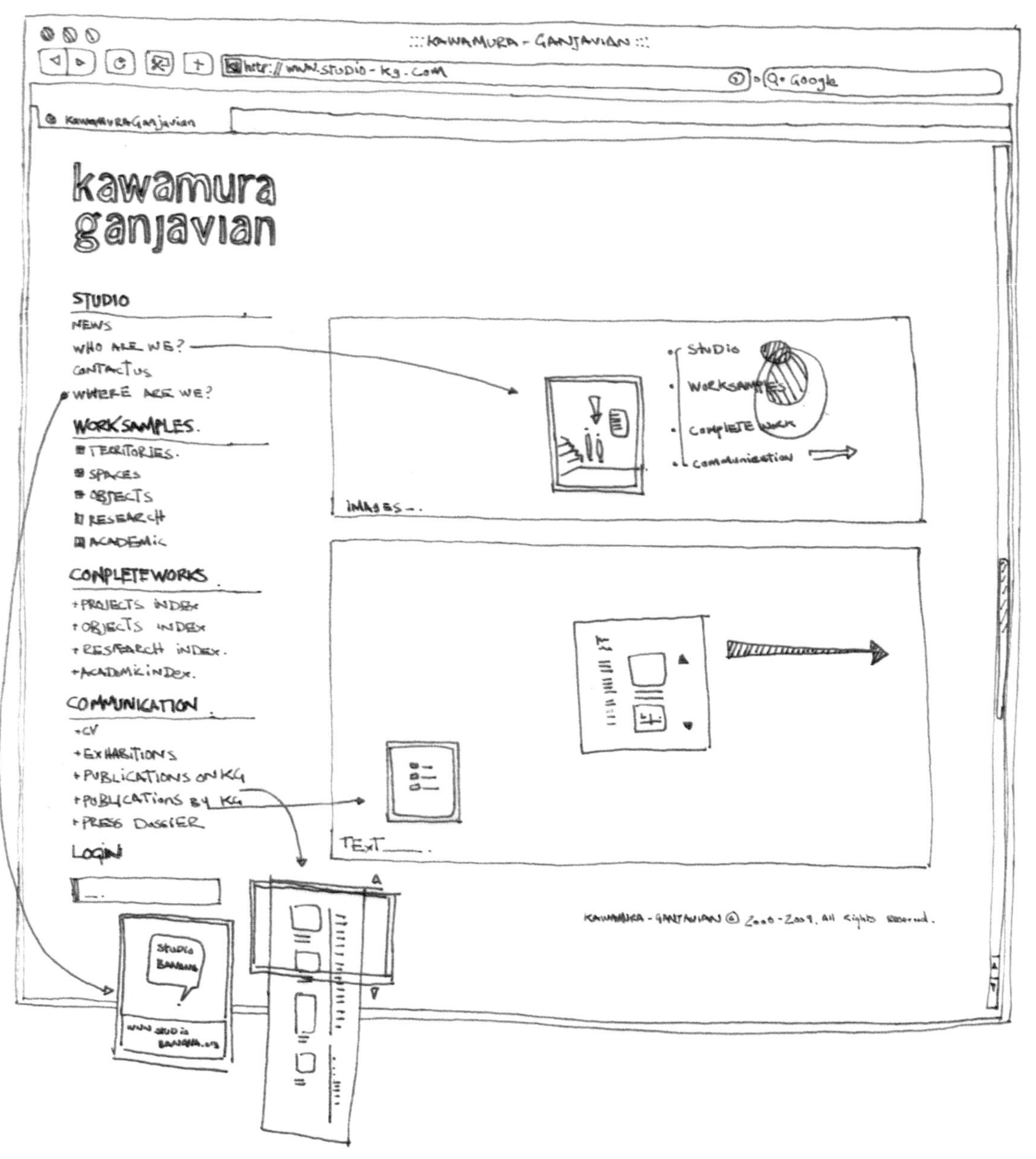

我们是谁？

Kawamura-Ganjavian 工作室是一个年轻的建筑事务所，2000 年由 Key Portilla-Kawamura 和 Ali Ganjavian 建立。他们在伦敦相遇，当时还都是学生，之后他们一起在若干国家工作，包括印度、美国、英国和瑞士，涉及的领域有都市化、建筑学、舞台设计和产品设计，既有职业化的创作也有学术方面的研究。

2006 年他们在马德里建立了目前工作室的雏形，在那里他们指导了位于西班牙、英国、法国和瑞士的项目。

他们还是涉及多种创作形式 Banana 工作室的创始成员。

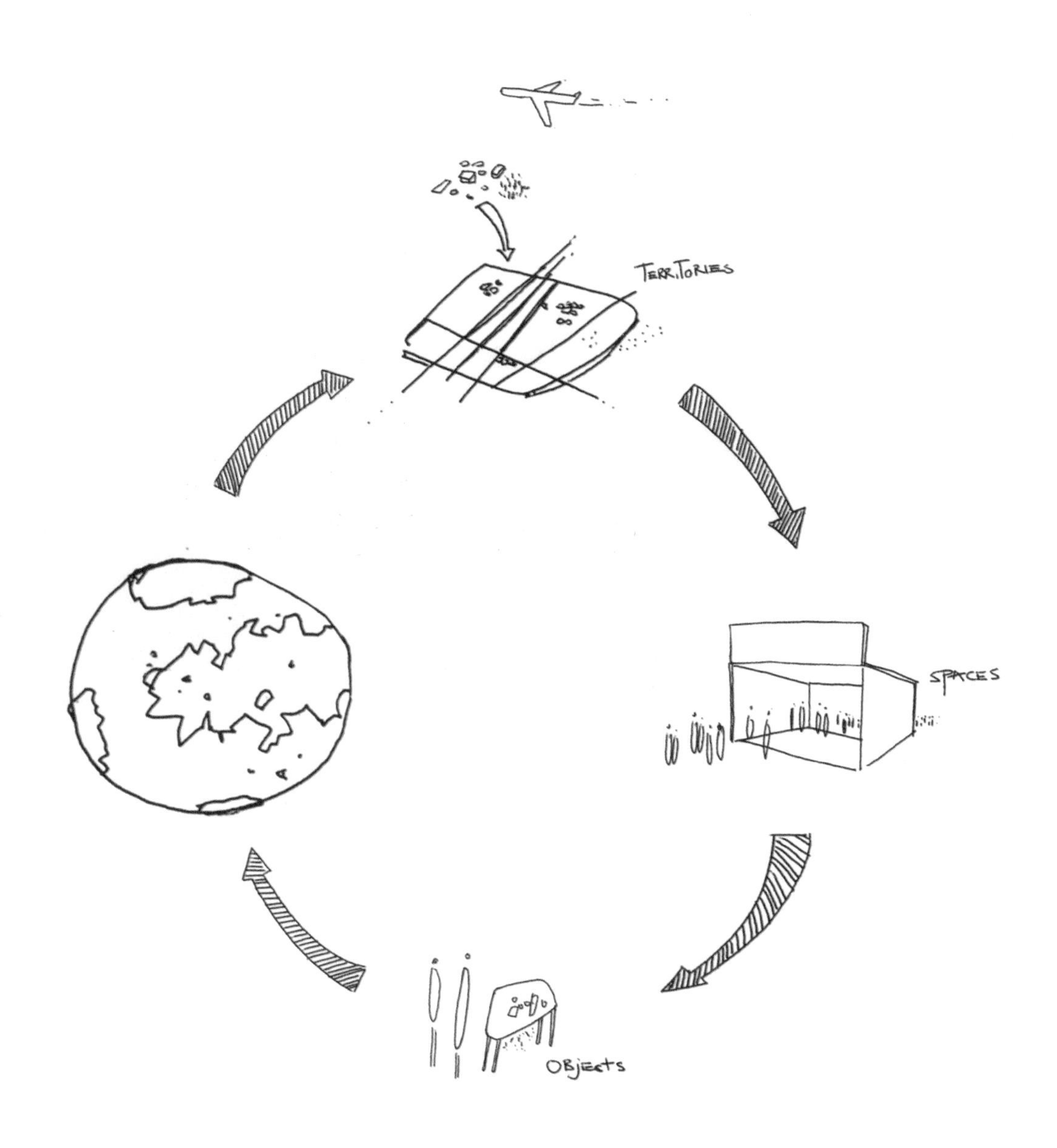

尽管年轻，但凭借其成员在最负盛名的学术中心（伦敦皇家艺术学院 Royal College of Art London，纽约库伯联合学院 Cooper Union New York，伦敦建筑联盟学院 Architectural Association London，欧洲设计学院马德里分校 Istituto Europeo di Design Madrid，门德里西奥建筑学院 Accademia di Architettura di Mendrisio）和建筑师事务所（东京的 SANAA 事务所 SANAA Tokyo，巴塞尔的赫尔佐格和德梅隆事务所 Herzog & de Meuron Basel）的丰富经历，工作室有能力将各种尺度的建筑挑战纳入自己的工作范围。

Kawamura-Ganjavian 工作室还有：米洛斯·约万诺维奇（Milos Jovanovic），索菲耶·利瑟博恩（Sofie Liesengorghs），莫妮卡·梅希亚（Mònica Mejía）和奥古斯汀·赛亚（Agustín Zea）。

BANANA 工作室

多学科创作平台

项目标题

改造更新项目，2007 年
马德里（西班牙）
建筑面积
394 平方米
预算
135000 欧元
客户
Banana 工作室

参考数据

Banana 工作室是一个多种形式创作平台，致力于最广泛的创作。河村－冈加维安（Kawamura-Ganjavian）并不仅仅是空间设计者，同时也是这一设计平台的创建者。这一项目位于一栋 20 世纪 60 年代住宅楼地下室的废弃打印店。最终结果是成为一个明亮宽敞的空间，使用功能多样灵活，既作为许多年轻设计工作者的工作场所，同时也是马德里中其附近地区的文化活动催化剂。

项目概念 + 目标

项目图片
室内的或室外的

细部、平面/剖面、
照片或参考图

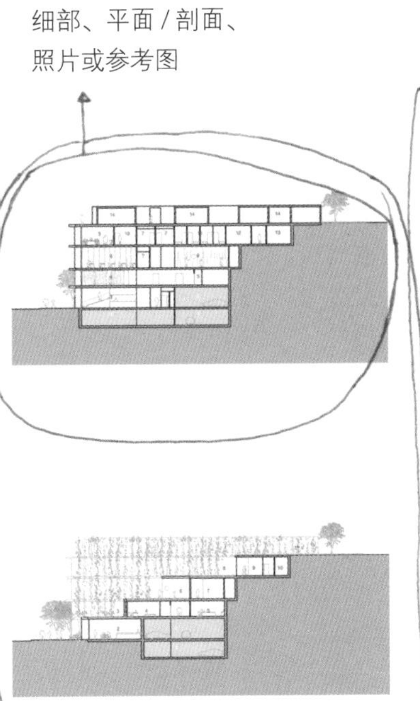

精神病诊所

方案设计，2008年
阿拉瓦卡，马德里（西班牙）
（Aravaca，Madrid）
建筑面积
4630平方米
预算9500000欧元
客户
洛佩斯优博诊所
Clínica López-Ibor S.L.

精神病诊所最主要的服务对象是那些正在努力恢复日常社会中的正常生活的弱势群体人。它就像一个迷你城市，有不同部门、环境、街道……

这个项目的甲方，著名精神科医生家族的第三代，想到一个涉及多种使用者（重症患者、普通患者、患者亲属、医务人员、服务人员、居民）的复杂计划。这一想法通过一系列简洁直接的建筑手法得以实现。考虑到建筑物的本来用途（精神科咨询室和日间照料医院）以及场地的自然坡地地形，建筑被设计为呈阶梯状的两翼，不同的医疗功能都拥有独立花园。植物和开放空间得到精致的处理，成为治疗过程的一个内在部分。

附录

附录

未来作品集的本质是什么？它的内容、范围和传统都会是什么？作品集作为一种工具，将从印刷品向电子化方向发展，创造出多种多样的模型，从一系列页面（线性的）到超媒体（非线性的，三维立体）。考虑到可利用印刷术和图像操作技术的发展，作品集的未来让人兴奋。

作为一种视觉信息的集合，作品集这种展示方式和越来越依赖图像评价的全球化文化相当契合。它是一种理想、价值，以及就算没什么其他的了，至少也是规范标准的传递轨迹。它还是一种方法论，通过这种方法我们可以把我们的作品放置在自己的思想和图像的语境中去。一部分是记录，一部分是对话，作品集既是个人经历的总结，也是一种市场营销工具。换句话来说，作品集提供了解决问题的有力证据，回应了雇主“展示自己”的需求。

当我们在作品集中将想法具体落实的时候，我们已经开放自我、接受评价。我们获得关于自己作品的信息、清晰化和评价。通过本书中作品集制作过程每一步对内容的确定，以及关于作品集制作的技术和理想的探索，希望读者能够找到新的、聪明而富有创造力的激励和灵感资源。

最后，我想再一次说，作品集是一个开始，但它本身并不是一个结束。它是一种自我评价和发展的方法，也是一个希望你不断成长的邀请。

作品集的类型

类型：入学型（Admission）

简介：也称为申请作品集，申请进入很多高等教育项目有此要求。申请本科生课程和研究生课程有所不同。然而，二者都要求你展示 12-15 页最优秀的、最近的作品。大多数情况下招生委员会负责审阅作品集。

读者：高等教育

类型：艺术家型（Artist）

简介：也称为“书籍”，是一个作品的选集，用于向特定读者展示艺术家的技艺和成就。作品集风格由艺术家使用的媒介决定。比如，幻灯片作品集仍然是展示绘画作品的较好方式。然而原作通常需要证明具有版画复制和照片复制的能力。

读者：预期的顾客，已有的顾客

类型：自传型（Autobiographical）

简介：“跟我说一点关于你自己的事情”

读者：自己，预期的顾客，已有的顾客

类型：评奖型（Award）

简介：也称为奖学金作品集，包含的文件涵盖各种形式的技法、成就、正在进行的精致设计、优秀的设计作品。大多数情况下作品集形式有页数的严格限制。

读者：专业组织者

类型：竞赛型（Competition）

简介：用作参赛申请或者实际开发项目的设计竞标方案。一些竞赛是开放的，另一些只限定为邀请赛。在欧洲，建筑设计竞赛已经成为公共项目选择建筑师的流行方式。

读者：公众，政府，非营利性组织

类型：电子作品集（E-portfolio）

简介：电子版作品集，设计用来展示一些可能涉及输入文本、电子文件、图像、超媒体、进入博客和超链接等动态形式的技术。高等教育中电子作品集很流行，因为它可以促进学生在自己学习过程中的反馈，使得学习策略和需求更清晰。

读者：高等教育者

类型：结业型（Exit）

简介：用于在本科课程中衡量作品的质量和尺寸。

读者：高等教育者

类型：实验型（Experimental）

简介：一种理想中的作品集，定义自我标准。

读者：自己，预期的顾客，已有的顾客

类型：专业型（Expertise）

简介：一个有组织的选集，包括复杂的、基于表现的证据，以证明某个专业角色或领域内目前的知识和技术。

读者：预期的顾客，已有的顾客

类型： 拨款型（Grant）

简介： 为了执行某个特定项目而向财政基金提出的申请。

读者： 政府，非营利性组织

类型： 面试型（Interview）

简介： 一个优秀作品的选集，代表候选人最好的作品和成就，用于求职过程。

读者： 专业公司，政府和非营利性组织

类型： 母版型（Matrix）

简介： 过往作品以及未建成作品的完整合集，使用某种模板。

读者： 职业组织

类型： 迷你作品集/邮寄广告型（Mini-portfolio/mailer）

简介： 更复杂和容易理解的作品集的一种大量生产缩略版本。作品的简短介绍，它可以用作和专业公司或者研究生院的初步接触。它应当简单、价格实惠，且可以重复生产。

读者： 专业公司，政府和非营利性组织

类型： 独创型（Original）

简介： 用于工作面试、画廊申请、市场展示，它并不会邮递寄出或者留给他人。

读者： 专业公司，政府和非营利性组织

类型： 个人型（Personal）

简介： 一个专辑、记录本、剪贴簿，或者是收集各种文件和加工品，展示了某种特别的兴趣、旅程、激情、研究领域等，可能是任何一种媒介（影片、照片、视频，等等）。

读者： 自己，朋友，亲人

类型： 职业型（Professional）

简介： 沟通作品的主要特征和附属评价（特定技术），比如你对于一个潜在雇主的价值。

读者： 专业公司，政府和非营利性组织

类型： 项目型（Project）

简介： 关于一个项目或者独立研究领域的文件。

读者： 教育

类型： 奖学金型（Scholarship）

简介： 候选人的作品集，用于授予奖金或升职，主要基于三个方面：教学、研究和服务。

读者： 高等教育

类型： 学习型（Student）

简介： 一门课程或者团体教学的成果展示。

读者： 教育

类型： 教学型（Teaching）

简介： 一个成果和反馈的选集，代表了一个教师的职业经历、能力以及经过一段时间的成长，它可以用作延伸的课程简历。

读者： 教育

时间表

下面展示的平均日程表（按天计）是基于最优的实践，但绝不是唯一的方式。

第一步
来龙与去脉

第二步
规划与选择
了解你自己
确认目标读者
保存作品
选择作品

第三步
设计与制作
模型样品
设计布局
结构风格
眯眼测试
制作

第四步
寄送，展示与推广
分发
宣传
收集反馈

0 1 2 3 4 5 6 8 9 10 11 12 13 14 15 16 17 18

关于作品集的提供者

季米特里斯·阿吉罗斯（Dimitris Argyros）

出生于雅典，毕业于伦敦大学学院巴特莱特（Bartlett）建筑学院，并获一等荣誉学位。曾供职：奥雅纳事务所（Arup Associates），彼得·库克（Peter Cook）教授，C·J·Lim 教授，威尔金森·艾尔建筑设计事务所（Wilkinson Eyre Architects）。

CEBRA 事务所

一家丹麦建筑实践事务所，位于奥胡斯，由米克尔·弗罗斯特（Mikkel Frost）、卡斯滕·普利姆达（Carsten Primdahl）和科利亚·尼尔森（Kolja Nielsen）于 2001 年建立。CEBRA 已经建成一系列建筑项目，赢得一些建筑竞赛，包括 2006 年威尼斯国际建筑双年展金狮奖以及 2008 年的 Nykredit 建筑奖。

萨姆·谢迈耶夫（Sam Chermayeff）

出生于纽约，毕业于 AA 建筑学院（2004）以及德克萨斯大学奥斯汀分校（2005）。2005 年加入 SANAA 建筑事务所。

艾伦·登普西，NEX 事务所（Alan Dempsey, NEX）

NEX 是一个建筑设计工作室，由艾伦·登普西建立于伦敦，拥有国际视野。实践关注建筑、设施和城市设计的交叉，名称 NEX 是指将自我定位于合作设计过程的中心或是节点（nexus）上，这一过程通过融合的计算机和技术平台联系着顾客、顾问和施工者。

DnA_Beijing 建筑事务所

DnA_Beijing 建筑事务所是一个多学科的实践工作室，强调我们当代的居住环境，包括物质方面的和社会方面的、包括从小尺度到大尺度。建立者徐甜甜，获 2006 年 WA 中国建筑奖及 2008 年纽约建筑联盟青年建筑师奖。

盖奇 / 克列孟梭建筑事务所（Gage / Clemenceau Architects）

马克·福斯特·盖奇（Mark Foster Gage）和马克·克列蒙梭·巴伊（Marc Clemenceau Bailly）是位于纽约的盖奇 / 克莱蒙梭建筑事务所的创始人。事务所作品在一系列国际场馆展出，包括纽约现代艺术博物馆、芝加哥艺术学院博物馆，以及柏林的德国建筑中心。事务所的设计作品被收入 2009 年的《平面设计图标》，其中列出了“1900 年至今最有影响力的设计和设计师”。

安娜·玛利亚·雷斯·格斯·蒙泰罗（Ana Maria Reis de Goes Monteiro）

出生于巴西，毕业于建筑学和城市规划专业，于坎皮纳斯天主教罗马教皇大学

（Catholic Pontifical University of Campinas）获城市规划专业硕士学位，于坎皮纳斯州立大学（State University of Campinas）获博士学位。坎皮纳斯州立大学建筑学和城市规划学教授，教学研究关于巴西建筑师和城市规划师的形成及作品的影响和观点。

河村－冈加维安事务所（Kawamura-Ganjavian）

K+G 工作室是一个年轻的建筑事务所，由 Key Portilla-Kawamura 和 Ali Ganjavian 于 2000 年在马德里建立。Kawamura-Ganjavian 工作室是一个年轻的建筑事务所，2000 年由 Key Portilla-Kawamura 和 Ali Ganjavian 建立。他们在伦敦相遇，当时还都是学生，之后他们一起在若干国家工作，包括印度、美国、英国和瑞士，涉及的领域有都市化、建筑学、舞台设计和产品设计，既有职业化的创作也有学术方面的研究。

凯文·黎（Kevin Le）

出生于越南，毕业于堪萨斯州立大学及华盛顿大学。供职于：佳能设计（4 年），劳伦斯集团（至今 9 年）。结婚 11 年并有两位可爱的女儿。

简·林克尼格（Jan Leenknegt）

学士学位：鲁文天主教大学（KU Leuven），建筑工程专业，1997 年。硕士学位：鲁文天主教大学，建筑工程专业，2000 年，以及哥伦比亚大学，建筑和城市设计专业，2003 年。SOM 基金会城市设计旅行奖学金，2003 年。供职公司包括 Secchi-Vigano 事务所，KMDW 事务所，Field Operation 事务所，SOM 事务所。目前供职于纽约 SHoP 建筑事务所。

菲利波·洛迪（Filippo Lodi）

出生于意大利博洛尼亚。土木工程和建筑学专业理学硕士，毕业于大学之母博洛尼亚大学，和南安普顿大学。高级建筑设计专业艺术硕士，毕业于位于美茵河畔法兰克福的施泰德高等艺术学校，目前居住于荷兰。

丽贝卡·卢瑟（Rebecca Luther）

建筑师，城市设计师，教育者。她在弗吉尼亚大学建筑学专业获理学学士学位，麻省理工学院获建筑学硕士学位。过去三年她在麻省理工学院建筑学院做讲师，讲授扩展至本科建筑课程中的作品研讨部分。

凯思林·纽厄尔（Cathlyn Newell）

理学学士：乔治亚理工大学，建筑学，2003 年。硕士：赖斯大学，建筑学，2006 年。SOM 基金会建筑、设计及城市设计奖及旅行奖学金，2006 年。密歇根大学 Oberdick 研究员，2009-2010 年。就职经历包括波士顿 dA 工作室（2006 年至今）。

Openshop 事务所

亚当·海斯（Adam Hayes）和马克·克

勒克尔（Mark Kroeckel）于2000年在纽约创立。事务所进行了一系列研究和设计，基于一个实验性的流动系统来解决各种尺度、形式和类型的设计问题。

佩尔·奥弗顿事务所（Pell Overton）

一个屡获殊荣的事务所，位于纽约，创立于2003年。该工作室已经完成了从展览设计和画廊装置到小型建筑等各尺度的项目。通过各种形式的实践研究，加上教学和写作，该工作室研究了目前关于表皮、材料和制造方面的很多问题。

希拉里·桑普尔（Hilary Sample）

联合设计工作室MOS的主持建筑师，耶鲁大学助理教授。

珍妮弗·西尔伯特（Jennifer Silbert）

JSS8是一个多学科设计公司，关注建筑、平面和影片。项目有各种规模和范围，从复杂的建筑施工到商标和品牌设计。

王哲伟（Che-Wei Wang）

出生于东京，母亲是中国台湾人，父亲是中国台湾和日本混血。执教于水牛城大学普拉特建筑学院、哥伦比亚大学、宾夕法尼亚大学以及纽约城市学院。王哲伟是2003年SOM基金会奖金获得者，以及普拉特建筑学院青年校友成就奖获得者。他拥有普拉特学院的建筑学学士学位，以及纽约电影学院远程教育项目的专业学位硕士。

切里·威廉姆斯（Ceri Williams）

出生成长于威尔士，学习艺术，后在卡迪夫的威尔士建筑学院接受训练，之后在伦敦的皇家艺术学院学习。在Toh Shimazaki事务所工作过两年，并执教于他们每年的暑期学校，t-sa论坛。2009年，他被选入Wallpaper杂志的“顶尖毕业生”。

丹尼尔·J·沃尔夫（Daniel J. Wolfe）

出生于俄亥俄州托莱多，获鲍灵格林州立大学（Bowling Green State University）理学学士学位，南加利福尼亚建筑学院建筑学硕士学位。2007年，作为建筑设计师供职于加利福尼亚州西好莱坞的Patterns事务所，参与8746落日精品店项目：该项目目前处于建设最终阶段。2008年夏天，在圣路易奥比斯波加州州立理工大学（Cal Poly of San Louis Obispo）做客座导师。研讨会名称叫做“生成形式”（Generative Formations）。

理查德·M·赖特（Richard M. Wright）

林肯大学建筑学院高级讲师，曾执教于巴特莱特建筑学院以及东伦敦大学建筑学院。在学术生涯的同时持续进行建筑实践，建成作品的数量不多但速度始终相当稳定。

致谢

如果没有各位供稿者的经验分享和热心帮助，这本书不可能完成。我被他们的作品激励，也为他们的参与而感到荣幸。很多全球各地的建筑设计从业者和学生都给我以启示，并在这本书的酝酿过程中以不同的方式提供帮助。感谢以下这些人：我的妻子，弗朗西斯·德鲁·埃古德（Frances Drew Elgood）的爱、支持和编辑方面的建议；我的女儿，安娜贝尔·德鲁·吕舍尔（Annabelle Drew Luescher），提供了将作品集作为自我肖像的想法；弗朗西斯卡·福特（Francesca Ford），责任编辑、建筑师，为了她对于我工作的兴趣、敏锐的智慧和中肯的建议；费斯·麦克唐纳（Faith Mc Donald），制作编辑，始终留意手稿及其转换过程；佩妮·罗杰斯（Penny Rogers），审稿编辑，对于细节一丝不苟的关注；乔治娜·约翰逊·库克（Georgina Johnson-Cook），助理编辑，在出版方面的指导；杰弗里·霍尔（Jeffrey Hall），摄影师，为这本书的封面创造了整体氛围；加文·安布罗斯（Gavin Ambrose），书籍设计师，为了活泼的版式和生动的设计；西奥多·坎宁安（Theodore Cunningham），翻译者，帮助将葡萄牙语译为流畅的英语；以及托莱多艺术博物馆（Toledo Museum of Art）的蒂莫西·A·莫茨（Timothy A.Motz），提供了关于让·丁格利的宝贵信息。